苜蓿收获
关键技术与装备

◎ 高东明　著

中国农业科学技术出版社

图书在版编目（CIP）数据

苜蓿收获关键技术与装备／高东明著.—北京：中国农业科学技术出版社，2019.3
ISBN 978-7-5116-4029-1

Ⅰ.①苜…　Ⅱ.①高…　Ⅲ.①紫花苜蓿-加工利用-工艺装备　Ⅳ.①S551.09

中国版本图书馆 CIP 数据核字（2019）第 020471 号

责任编辑	李冠桥
责任校对	贾海霞
出 版 者	中国农业科学技术出版社
	北京市中关村南大街 12 号　邮编：100081
电　　话	（010）82109705（编辑室）　　（010）82109702（发行部）
	（010）82109709（读者服务部）
传　　真	（010）82106625
网　　址	http://www.castp.cn
经 销 者	各地新华书店
印 刷 者	北京建宏印刷有限公司
开　　本	710mm×1 000mm　1/16
印　　张	9
字　　数	162 千字
版　　次	2019 年 3 月第 1 版　2019 年 3 月第 1 次印刷
定　　价	38.00 元

前　言

　　苜蓿刈割后，在外界环境的作用下，其本身发生着化学成分变化，如含水率变化和力学特性变化。这些变化都直接决定着收获工艺，加工性能，加工方式及草产品的质量优劣。国内外研究表明，苜蓿干草品质与其干燥速度、细胞代谢时间有着直接的关系。此外，由于苜蓿叶片与茎秆结构差异巨大而导致的干燥速率差异巨大，使得干燥过程中叶片很容易脱落。这导致了翻晒、捡拾打捆等收获过程的机械损失巨大。为了加快苜蓿的干燥速率，人们通过破坏茎秆及其表面结构、化学处理或人工烘干的方法，加快其内部水分的散失，缩短干燥时间。国内外学者在苜蓿干草调制和干燥方面进行了广泛的研究。上述研究及生产实践均表明收获装备决定着草产品质量。因此，在设计环节以及田间收获环节，如何设计装备并以合适的参数合理使用收获装备显得尤为重要。

　　本书首先介绍了苜蓿收获加工过程中，在外界环境的作用下，其本身发生着化学成分变化，如含水率和力学特性变化。介绍了收获工艺，加工性能，加工方式及草产品的质量优劣。并从多个方面描述了苜蓿干草品质与其干燥速度、细胞代谢的关系。此外，由于苜蓿叶片与茎秆结构差异巨大而导致的干燥速率差异巨大，使得干燥过程中叶片很容易脱落，这导致了翻晒、捡拾打捆等收获过程的机械损失巨大。因此，从能耗和作业损失的角度对加快苜蓿的干燥速率，加快其内部水分的散失，缩短干燥时间的方法进行了分析对比。对比了不同的调制方法对水分散失及干草质量的影响，干燥方法及干燥特性对干草质量的影响。基于上述研究的基础，详细阐述了苜蓿收获及打捆装备的设计原理和参数设计过程。旨在为苜蓿收获加工过程中的技术和装备研究提供基础。

　　本书对苜蓿茎秆和叶片的解吸等温特性进行了研究，为干燥工艺及贮藏条件提供了基础理论。建立了相关的解吸等温线模型并进行了模型的评价和优化。对比研究了不同圆捆机的机具参数设置、物料条件以及操作参数条件下的打捆功耗及效率。归纳总结了不同参数条件下，打捆机青贮作业的实时功率曲线的特点，并进行了深入分析。对影响打捆功耗和效率的因素及水平进行统计分析并得出了最优组合。根据收获工艺，系统阐述了割草调制机的设计原理，并对其关键机构进行了运动学和动力学建模，为机构的参数设计提供了科学依据。建立了割台、调制悬架和机架应力疲劳分析模型和振动疲劳分析模型，并分析了载荷变化对寿命影响的灵敏度，为作业参数的优化设计提供了评价标准。

本书的研究及出版工作得到了北京工商大学学术专著出版资助项目的资助。在此致以诚挚的感谢。由于著者学识水平有限，书中存在不妥之处在所难免，恳请读者指正。

著　者

2019 年 2 月

目　　录

第一章　绪　论

苜蓿是世界上栽培历史悠久，种植面积最大的多年生豆科牧草，在我国栽培已有很多年的历史。苜蓿富含优质蛋白质、维生素等营养物质，适口性好，利用率高，是家畜的主要优质饲料，享有"牧草之王"的美誉。同时，对改良土壤，培肥田力具有良好的作用，是农作物较好的前茬作物，可以有效地提高后茬作物的产量和质量，也可作为蔬菜、食品供人类食用。

我国实施农业结构调整，由原来的粮食作物-经济作物的二元型结构向粮食作物-经济作物-饲草作物的三元型结构转变，并伴随着苜蓿种植面积逐年增加，以满足食草家畜的营养需求。在西部生态建设的同时，也促进了饲草在种植业结构中的地位和作用，使得我国苜蓿产业正向规模化、集约化方向发展。因此，苜蓿产业化具有广阔的发展前景。

牧草的收获是草产品生产的重要环节之一。合理地进行加工调制和贮藏可以有效的调节不同地区、不同季节的牧草供应，保证畜牧业健康、稳定和持续发展。对于一些主要依赖贮备的牧草满足家畜的营养需求的地区，增加牧草的贮备是保证家畜日粮平衡的关键所在。我国人工草场的饲草料生产率和收获效率不但关系到经济发展和政治稳定，而且与生态环境保护息息相关。经过近几年的快速发展，苜蓿的种植面积快速扩大，已经形成一定的产业化规模。在经济条件较好的地区已经进入了产业化的快速发展阶段，以苜蓿草业为原料基础的畜牧产业化经营初步形成。

同其他农作物一样，苜蓿草业的快速发展离不开先进的技术和装备。在对收获时间要求比较严格的牧草收获领域，这个要求显得尤为明显。因此，解决好这个问题就在以下方面具有重要的意义：第一，降低了牧草的收获成本，增加了农牧民的收入；第二，由于减少了参与收获作业的人口，可以解放生产力，加快该地区农村劳动力向其他产业转移；第三，由于多种牧草都有适时收获的农艺要求，比如豆科牧草在初花期，禾本科饲草在孕穗期收获能够获得较高的产量和粗蛋白，采用机械收获可以大幅度提高作业效率，调高牧草的品质并减轻牧民的劳动强度。

经过近几十年的发展，国外的机型在作业规模上已经向大型化和多联组合式发展，设备的智能化程度和作业效率也很高。但由于国外的种植面积和地块结构与我国有较大的差异，因而国外机型对我国地形地貌的适应性不强，而且国外的同类型机械不但价格昂贵，而且配套困难，维修难度大。这就迫切需要针对我国国情，在苜蓿收获技术上深入研究，在装备方面设计一系列能够较好适应我国种植条件和拖拉机动力配套条件的，具有较高作业效率和工作可靠性的收获机械。

第一节　苜蓿收获技术及装备现状

目前，苜蓿的加工工艺过程主要包括青干草的制备和青贮料的制备。对于青干草的制备，主要由割草压扁、捡拾压捆等工序组成。它是在割草调制的基础上由捡拾压捆机将干草压捆成型，是广泛应用的一种收获工艺。捡拾压捆根据草捆形状、大小不同，可分为小方捆、大方捆、小圆捆和大圆捆。对于青贮装备则主要是对苜蓿进行青贮打捆并在外包裹薄膜形成厌氧环境的青贮打捆裹膜机械。

一、苜蓿调制技术及方法研究现状

1. 自然干燥法

在自然条件下晾晒调制是当前苜蓿干草生产中采用最为广泛、简单的牧草干燥方法，同时采用此种方法进行干草调制也最容易损失干草的营养物质。干草调制的主要任务是如何快速有效地使植株内水分迅速散失，使其含水量下降到安全贮藏含水量（18%以下），并且使植物体内所含的营养物质损失降到最低点。苜蓿干草在调制过程中，从刈割到田间晾晒干燥后贮藏，营养物质的损失一般可达32%~66%，胡萝卜素的损失则高达90%，如果遇到阴雨天气，损失更为严重（王钦，1995）。在良好的气象条件下进行干草调制，干物质的损失达到21%，如果遇到降雨，损失高达42%，而其蛋白质损失为28%~45%（Shepherd，1959）。由于苜蓿本身的结构特点，叶片的干燥速度比茎秆的干燥速度快2~5倍，经过翻晒、搂草、打捆作业时很容易引起叶片的损失，大大降低干草的品质。当苜蓿叶片损失量占全重的12%时，其蛋白质损失约占总蛋白质的40%；当叶片的损失量达到20%时，其干草的营养价值降低30%（张秀芬，1991）。

在干燥过程中，如遇到雨淋，刈割后的牧草就不能适时干燥，延长牧草细胞的存活时间，从而延长呼吸作用；降雨会淋溶牧草细胞中的可溶性营养物质；由于牧草雨淋后需要重新晾晒，这样又会引起营养物质的大量损失；降雨造成一个有利于微生物生长的环境，引起牧草的发酵损失；微生物对牧草的危害主要是由于气候湿润或牧草本身含水量高而引起发热、霉菌生长。影响干草的贮藏而降低营养价值。因此，采用田间自然晾晒法调制苜蓿干草，应尽可能地缩短牧草的干燥时间。加快牧草的干燥速度，以减少由于生理生化作用和光化学作用造成的损失，减少由雨淋、露水浸湿而造成营养物质的损失。对于苜蓿干燥过程中气候条件对干燥速率产生决定性影响，曹致中等人认为影响苜蓿干燥速率的气候条件依次是太阳辐射强度、气温、空气湿度、和风速。其中太阳辐射与干燥速率的相关性较高，同处于潮湿的天气条件下太阳辐射强度为最大和最小时苜蓿的干燥速率相差较大。

2. 压扁调制技术

苜蓿刈割后其含水量降到可以安全贮藏的含水量时，需要散发大量水分。苜蓿水分的散失主要是通过微管系统和细胞间隙到气孔散失，细胞间隙的自由水扩散到大气的速度主要取决于水气含量梯度，气孔阻力和空气阻力。影响植物茎叶、果实的水分散失，表皮蜡质层起着重要作用。苜蓿茎秆的角质层含有蜡质成分，植物活体茎叶表面的蜡质层具有抵抗水分散失的能力，阻挡了水分通过角质层而蒸发，降低水分散失的速度。从而延长了干燥时间，损失更多的干物质和营养物质。压扁调制技术的关键就是破坏或消除表皮的蜡质层，改变其抵抗水分蒸发的性能，创造有利于体内水分散失的条件，加速牧草的干燥速度。

苜蓿刈割后，在外界环境的作用下，其本身发生着化学成分变化，含水率变化和力学特性变化。这些变化都直接决定着收获工艺，加工性能，加工方式及草产品的质量优劣。国内外研究表明，苜蓿干草品质与其干燥速度、细胞代谢时间有着直接的关系。此外，由于苜蓿在干燥过程中，叶片与茎秆由于结构差异巨大而导致的干燥速率差异巨大，使得叶片很容易脱落。这导致了翻晒、捡拾打捆等收获过程中的大量机械损失。为了加快苜蓿的干燥速率，人们通过破坏茎秆及其表面结构的压扁调制方法，加快其内部水分的散失，缩短干燥时间。

国内外学者在苜蓿干草调制方面进行了大量研究，主要包括对比了不同的调制方法对水分散失及干草质量的影响，干燥方法及干燥特性对干草质量的影响。上述研究及生产实践均表明压扁处理可以加快苜蓿干燥速度，提高干草质量。但是对机具的设计以及使用者而言，在田间收获环节，如何确定压扁量，使得苜蓿的干燥速度尽量快的同时并保证苜蓿同一植株的含水率变化尽量一致，显得尤为重要。

3. 化学干燥剂法

苜蓿刈割的同时，喷洒化学干燥剂，对水分散失有明显的促进作用。Tullbeg 在 1972 年发现碳酸钾能够加速豆科牧草的脱水，并在实验室进行了研究分析，结果表明，用碳酸钾水溶液对加快苜蓿的干燥速度有很好的作用，并研究发现碳酸钾溶液对茎秆的干燥作用要比对叶片大。后续大量学者在田间进行了试验研究，发现喷洒碳酸钾溶液，干燥速度比未喷洒加快 2~3 倍，有效地减少叶的损失，减少干物质中粗蛋白质的损失。Weighart 在 1980 年用不同浓度的碳酸钾、长链脂肪酸甲基脂、表面活化剂单独和混合液对刈割后的苜蓿进行喷洒，研究发现碳酸钾、长链脂肪酸甲基脂和表面活化剂均对加速苜蓿的干燥速度有明显的效果。之后，许多学者对碳酸钾加速牧草的干燥速度在不同地区进行了试验研究等。Oellerman（1989）关于碳酸钠对牧草干燥效果的研究报告中指出：钠离子对促进紫花苜蓿的干燥速度有一定的作用，但比钾离子的作用效果差。Rotz（1988）对碳酸钾、碳酸钠对牧草的干燥速度进行研究比较，结果表明，碳酸钠比碳酸钾的干燥效果差。对氢氧化钾加速苜蓿干燥速度试验表明，氢氧化钾也能加快干燥速度，但与碳酸钾处理后的苜蓿相比效果较差。也有研究发现，有机物干燥剂单独使用时效果较差。总之，在化学干燥剂方面的研究结果表明，碳酸钾对加快苜蓿干燥速度有明显的效果，可减少苜蓿叶片损失，干燥剂与压扁结合效果更好。

化学干燥剂的作用机理也是众多学者研究的重要内容。多数学者认为 K^+ 等金属离子对水分渗透有特殊的作用。Tullberg（1978）研究认为碳酸钾主要是通过改变植物表皮蜡质层亲水性，增加了蜡质层表面的亲水基团（Hydophilic group），干扰了疏水基团（Hydophobie grop），增加了导水性能，从而加速了水分的散失。Meredith（1993）研究发现水分从植株体内向外移动的能力与碱性金属离子的半径有很大关系，随着碱性金属离子的半径增大，对苜蓿的干燥效果越明显，认为碳酸钾之所以对苜蓿具有良好的干燥效果是因为 K 离子和碳酸根所提供的碱性环境，促进了水分的渗透能力。Schonher（1976）研究认为碱性金属离子能够增加角质中亚层微孔的数量，从而增加水分的渗透能力。有的学者研究认为苜蓿茎、叶表皮角质层外附着一层具有疏水作用的蜡质，阻止了水分散失。化学干燥剂能够溶解这些蜡质，破坏蜡质层的结构，改变蜡粒的排列方式，从而加速了水分的散失。化学干燥剂对后续饲喂环节的影响以及化学药剂在动物体内的残留情况，至今尚无明确的结论。

二、苜蓿割草调制装备的发展现状

苜蓿割后营养物质的损失将随着干燥时间的增加而增大。自然风干时，茎、叶干燥速度不一致。加快茎秆的干燥速度能缩短饲草的整个干燥过程，有助于制备优质青干草。使用割草调制机收获苜蓿能提高生产率，最大限度地减少花叶损失，大幅度提高干草品质，是目前饲草收获机械的主流产品之一。在畜牧业发达国家，割草调制机正逐步取代单一功能的割草机。

割草调制机是一种集机、电、液一体化的畜牧机械，使用割草调制机收获饲草可以同时完成割草、调制、集条三项工序。割草调制机通过折弯、压裂、梳刷和击打，破坏茎秆及其表面结构，可促进其内部水分的散失，并尽可能使茎、叶干燥同步，使饲草田间干燥时间缩短。用割草调制机收获饲草能提高生产率，最大限度地减少花叶损失，大幅度提高干草品质。在对环境的影响方面，割草调制机对地表植被破坏较小，并能消灭部分草场害虫。它整机重量大、工况复杂、动力学问题突出，因此在设计过程中必须对机械进行较完备的综合优化。割草调制机的关键部件主要包括割草机构、调制机构、传动系统和机架。

目前，现有的割草调制机就机具的动力提供形式而言，分为牵引式和自走式。牵引式往复割草调制机作业时，割草调制机在拖拉机的牵引下前进，其作业部件所需动力由拖拉机的动力输出轴通过机械传动提供或者由液压系统通过液压管提供。自走式割草调制机则是自身携带发动机和行走转向机构的割草调制机。国外的自走式割草调制机割幅都较大，多在割台后面采用搅龙机构往调制机构输送牧草，各作业机构多采用全液压动力源。国外对该装备研究和使用较早，早在 20 世纪 50 年代就已经有相关专利出现。Kuhn、Claas、John Deere、Hesston、Case 和 New Holland 等公司均生产此类产品，涵盖了从中型到大型，从牵引式到自走式，从单个到多组联合的多种机型。大型的割幅一般都在 3.5m 以上，牵引方式以中央牵引式为主，配套动力也比较大。此类机型的代表有：Hesston 1476 型中央牵引式往复割草调制机，该机采用往复式割台，割台后配有搅拢机构向调制机构输送牧草，此外，中央牵引的方式可根据地形不同，使机具在拖拉机两侧或者正后方的任意方向上改变位置，因而具有良好的适应性。多组联合的机型主要有 CLASS、Kuhn 和 Jf-stoll 等欧洲公司的产品。比如 CLASS 采用拖拉机前悬挂三组、侧悬挂两台的五联机组，Kuhn 采用的前悬挂一台拖拉机左右侧后悬挂两台的三联组合。总之，这类机具的作业效率都较高，作业幅宽也很大，对牧草的种植面积要求也较高。

就机具与拖拉机的挂接形式而言分为：牵引式和悬挂式两种。牵引式主要为侧后牵引的形式，即机具挂接在拖拉机尾部的挂接点上，作业部件位于拖拉机的侧后方进行割草调制作业。悬挂式包括前悬挂、侧悬挂、后悬挂和多组联合悬挂。悬挂式由于其与拖拉机在上下方向上为刚性联接，为了避免联接装置受到大的冲击，要求机具的总体质量尽量小，而且对割台的仿形能力要求较高。

就机具的割台而言，主要分为往复割台和圆盘式两种。这些机具主要为大型牧场所使用，配套动力要求较高。现有的往复式割草压扁机所需拖拉机配套动力相对较小，切割茬口整齐，机械造价相对较低，投资较小，但运行成本比圆盘式高，容易发生堵塞，割草效率相对圆盘式较低。圆盘式割台适用于切割高而较粗的茎秆作物，切割茬口不整齐，一般不易发生堵塞。作业速度较快，割草效率高，运行成本比往复式低。但需配套功率较大、结构复杂、机械造价也相对较高。

割草调制机的调制部分，其作业方式主要有压扁辊式和连枷式。压扁辊式调制机主要用于对豆科牧草的收获。压扁辊式调制机构有两种作业形式，一种形式是一个光面圆辊和一个带有凹凸花纹的圆辊组合进行压扁作业；另一种形式是两个都带凹凸花纹的圆辊配合相向旋转，通过一对压扁辊的相对运动，可以折弯并压扁牧草，然后向中间或其他方向集拢形成草条。调制机构的参数设计历来是割草调制机设计与集成的重点内容之一。国内外学者对机具的调制部件及形式，传动系统和作业功耗进行了研究。国内外现有的压扁辊式调制系统主要存在以下困惑：相互啮合并高速旋转的两个压扁辊在工作过程中遭遇坚硬异物通过时，须调节使异物通过。

现有的传动机构有链传动、齿轮传动和液压传动三种形式。使用链传动形式进行传动，传动简单，但传动不平稳，传动功率小，可靠性差。采用全齿轮传动的，为了保证其上压辊轴和下压辊轴转动方向相反，其必须采用两组介轮齿轮。并且，对其上压辊轴的调节必须在停机后进行，作业过程中无法调节，可调节性差。液压传动的好处是操纵灵活，但成本高、传动效率低。

上述总成的零部件的参数设计历来是割草调制机设计与集成的重点内容之一。由于机具有着较广泛的使用地域，各地的地表和植被情况差异较大。机具各部分的作业工况变得更为复杂，在运行中机具关键部件的可靠性问题日益突出，因此对机具的安全可靠性提出了更高的要求。

对于使用压扁辊进行调制的机构，国内外现有的压扁辊式调制机构主要存在以下设计困境：相互啮合并高速旋转的两个压扁辊在工作过程中遭遇坚硬异物通过时，须调节使异物通过。如果采用较灵活的自动调节机构势必增加传动系统与作业之间的同步难度并降低压扁辊的动态稳定性（如采用万向传动，使机具的横向尺寸增加较大，采用的多齿轮调节装置，则要求特制齿轮）。如果压扁辊为非实时调节型，则会降低两压扁辊之间异物的通过性，导致压扁辊产生挠曲，并会大大缩短压扁辊的寿命。

牵引架主要有侧牵引式和机具中央牵引式。侧牵引式的的牵引臂一端与拖拉机挂接，另一端刚性连接在机架上，其只有在水平面内可以调整的结构特点决定了当机具遇到左右两侧不平整的地面时，机架本身的内应力将比较大，而且左右两侧的仿形能力也较差。中央牵引式旋转割草调制机工作原理和主要结构与侧牵引式基本相同。中央牵引式的牵引架一般由位于割草调制机的中后部牵引点引出，在割草调制机上方与机架铰接，与拖拉机的挂接形式与侧牵引式相同，采用中央牵引后，机组的作业机动性、仿形能力和通过性都得到了改善，该类型的牵引方式一般用于割幅较大的机具。

对于切割饲草的割草机构，现有的割草调制机使用往复式割台的都是机架与割台为一整体，割草机构的仿形功能由弹簧带动机架和往复式割刀一起仿形，典型专利有由 M. J. Mellin 等人发明的名称为 "mower-conditioner" 的美国专利 US 6, 715, 271。此外，近年来还出现一种摆动铰接式割台，该割台可在任意方向上转换调位，使割台摆动至拖拉机正后方或者拖拉机两侧。但由于此类割台的自重较大和调节范围的不确定性，导致割台整体结构不紧凑且容易变形，从而带来了牧草损失大、条排列不齐整和机具可靠性差等问题，典型专利有由 Franet 等人发明的名称为 "Self-propelled agricultural vehicle" 的美国专利 US 6, 688, 093。除此之外，还有一种旋转式割台，其由液压缸控制割台升降，可垂直、水平浮动，垂直浮动，典型专利有由 Ehrhart 发明的名称为 "Header lift system for harvesters" 的美国专利 US 5, 867, 970。但这种割台割茬较高，升降动作有一定的延迟，稳定性不佳，机具行进作业时调整难度大。另外，传统的割草调制机中无论是采用往复式割刀还是采用圆盘割刀，都是采用滑掌或圆盘底面与地表滑动摩擦前进来实现仿形割草，这样不但增加了动力消耗，加快了零部件的磨损也对地表植被造成了很大的破坏。

由于多种原因，我国在这方面的装备类型较少，目前国内的机型主要有：中国农业机械化科学研究院呼和浩特分院研制的 9GY-3.0 型割草压扁机，该机采用等割幅宽、模压人字凸块橡胶辊，传动采用摆环箱齿轮传动，适用于天然、人工草场的牧草收割；由新疆机械研究院研制生产的牧神 M-3000 型牵引式苜蓿压扁收获机，由拨禾轮、割台、压扁器、集草板、牵引架、传动系统等部件组成，调制机构的结构为一对带有"人"字形凸纹的橡胶压辊；由新疆机械研究院研制生产的牧神 M-2400 型，为悬挂式，采用旋转式割刀结构；此外，还有牧神 M 系列自走式割草压扁机，包括 M-3900 型、M-3600型割草压扁机的系列，该系列割草压扁机可用于收割苜蓿、牧草等作物，主要由动力总成、拨禾轮、割台、喂入滚筒、压扁辊、导向板等组成。国内在该方面的研究主要有甘肃农业大学的小型前置式割草压扁机，中国农业科学院草原研究所对圆盘式割草压扁机进行了研究，新疆机械研究院对自走式割草压扁机进行了研究。这些研究虽然填补了我国在这些方面的空白，但由于技术水平与国外机型尚有差距，市场占有率很低。

三、苜蓿成捆装备的现状

方草捆捡拾压捆机是指能把散状饲草经压缩后打成长方体草捆的设备。现代自动打捆压捆机是在固定式压捆机的基础上研制开发的。典型的固定式压捆机主要由具有矩形截面的长方体压捆室和直线往复运动的活塞构成。当前，大方捆机的产销量在逐年稳步增长，而小方捆机的产销量在逐年减少。由于世界各国农业机械化发展水平不同，农业生产的经营方式和规模不同，因此，在发展中国家和发达国家的小型农场，小方捆机在今后相当长的时期内将会继续受到欢迎。我国农牧业生产以个体经营为主，耕地和草场的使用权分散在农户，因此像大方捆机这样的大型、高效、价格昂贵的设备目前不可能占据市场的主导地位。但是随着我国农村、牧区经济体制的改革，农业生产技术的进步和机械化水平的提高，大方捆机的需求量将会逐年增加。

我国经过近 30 年的研发，目前已能生产不同结构型式的小方草捆压捆机。近年来，对国产小方草捆压捆机研发投入的增加，加速了产品更新换代的进程。随着产品质量的提高，国产小方捆机的产销量正在逐年增加，应用范围也在不断扩大。

圆草捆打捆机，是将牧草压缩后制成具有圆柱形外轮廓的牧草收获装备。早期的圆捆机多为长皮带内缠绕式圆捆机。该机问世后，与小方草捆机相比较具有生产率高、劳动强度低、使用操作方便等优点。内缠绕式圆捆机卷制的草捆直径在一定范围内可调，可以满足用户对不同外径尺寸的需要。内缠绕式圆捆机的缺点是无法制成密度较大的青贮圆捆。20 世纪 70 年代，固定成型室的圆捆机发明。其结构形式经过不断地发展和演变，目前有辊筒式、短皮带式、辊杠式。外缠绕式圆捆机的缺点是草捆外径固定，草捆心部密实度较小而外围密实度较大。20 世纪 80 年代中期以后，继绳网包卷草捆技术以后为实现圆草捆的青贮作业又出现了塑料膜包卷草捆技术。随着物料种类的增加，圆捆机的结构和性能也在不断地改进和完善。圆捆机历经多年发展和演变，目前技术已经比较成熟。结构日趋完善，操作和使用更加简单方便，更加人性化。

第二节　苜蓿收获技术及装备的发展趋势

一、国外发达国家相关机械技术发展趋势

1. 装备工程与生物工程互相促进

使用机械装备的目标是为了获得更好的苜蓿草产品，并在此基础上尽可能地降低人的劳动强度，而生物工程的目标是尽可能高效率地提供生物制品。生物工程的目标提供了装备工程所处理的对象，这就要求两者相互配合才能最大限度提高生产效率并获得最优的草产品。

2. 装备的系列化和成套性

欧美各国在多样化发展的同时，各公司特别注重产品的系列化，国外大型农业装备企业在苜蓿收获机械方面往往拥有几十种系列和型号。这极大带动了牧草收获工艺的全面更新。在全流程解决方案方面，国外许多公司，各自都能生产从收获到贮藏的整套机具。每种新型机具问世，都有一系列配套机具接踵出现。今后各大农牧机公司将持续推出新机型以供各种经营规模的生产用户选择和进一步满足国际市场需求。

3. 高新技术普及应用

当前各大农牧装备企业已经不再满足于装备机、电、液、仪一体化等现状，物联网技术、图像识别技术以及地理信息技术的成熟为装备的无人化、智能化提供了很好的技术基础。这些技术的使用不但减少了作业环节，提高了生产率，还能适时收获归仓，可保持饲草的最佳营养状态。

二、我国的政策与发展趋势

随着我国生态环境改善和人民环境保护意识的增强，退耕还林、退耕还牧的地域逐渐增多。此外，近年以来我国对草牧业的优惠政策陆续出台，也极大地激发了草牧业发展的积极性。畜牧业机械化迎来了良好的发展机遇，畜牧业机械化发展的大环境得到了改善。主要表现为：草原畜牧业机械化相

关的法律法规建设，建立、健全支持和保护草原畜牧业机械化发展的法律法规体系加强；国家和地方加大对草原畜牧业机械化的投入力度，多渠道增加对草原畜牧业机械化的投入力度。

鉴于地域、气候以及地形等条件的差异，造成了中国苜蓿种植地域较广，种植地形条件较差。这就决定我们要在苜蓿收获领域汲取国外先进技术的同时，必须坚持自主研发，提高原始创新能力，提高核心技术竞争力，形成具有自主知识产权的产品。另外，系统集成创新也要引起我们高度重视，逐年加大成套技术装备在产品中的比重，走出一条符合国情的高效益系统集成创新之路。我国的饲草机械是从引进、吸收国外技术发展起来的，企业自主创新能力一直比较弱。要提高原始创新能力，必须充分发挥工程技术研究中心、科研院所、大专院校的创新优势和辐射功能。

在当前的技术创新中，应本着有所为有所不为的原则，以重点解决收获过程的重大关键技术问题、工艺问题、质量问题等制约生产力发展的瓶颈问题为突破口，采用高新技术，使苜蓿收获机械向智能化、机电一体化和节能化发展，从而得到最佳的投入和最高的产出。坚持基础研究和应用开发相结合、技术引进与自主开发相给合，增强技术创新和推广应用的能力。要逐步引进使用方便、舒适、自动化、智能化的新技术和新机具。提高苜蓿精加工及综合利用水平，以适应农牧业和功能食品业等行业不同形式的需求。要努力发展饲草调制机械，除目前已开发或正在开发的草粉机、草块机、草饼机、草颗粒机、揉碎机、膨化机外，农作物秸秆调制处理及优质牧草蛋白提取设备等发展潜力更大，亦应列为重点。在节约能源、保护环境，促进产业可持续发展方面，需要构建节约型机械化畜牧业作业体系，研究创新苜蓿收获作业工艺流程，优化作业工序和环节，最大限度地降低机具作业成本。

第二章　苜蓿收获技术及原理

第一节　苜蓿收获过程中的水分情况

在苜蓿的收获贮藏过程中，苜蓿的水分含量直接影响草产品的储存品质。水分含量过低造成花叶脱落损失量大；水分含量高于安全含水率则易发霉，引发疾病，不利于保存和使用。刈割时间的确定、晾晒工艺过去由于受经济技术条件的种种限制，我国的牧草加工技术相对落后，牧草在加工调制过程中损失大量营养成分，使得干草品质严重下降，不能满足家畜的生产需求。随着畜牧业的迅速发展，干草在食草家畜饲料中的比重逐年上升，并伴随着干草的生产大部分已进入机械化作业。目前，苜蓿草产品已作为商品进入国际市场，而且随着各国人民生活水平的普遍提高。草产品市场日渐活跃，国际牧草加工业发展迅速，一些发达国家已实现了苜蓿生产的集约化经营，特别是新技术、新方法的应用，提高了苜蓿草产量，并使得草产品质量不断提高，生产规模不断扩大。

苜蓿茎叶中的水分分布情况和水分散失情况直接决定了苜蓿草产品的品质。此外，人们在研究食品中水分含量与食品腐败变质的关系时发现，两者虽然存在着一定的联系，但不是严格对应的关系。所以，水分含量并不是衡量腐败变质的可靠指标。造成这种现象的因素是水分与干物质的结合能力也影响着微生物的生长和分解。考虑到这个因素，人们引入了水活度的概念。解吸等温线表示在干燥过程中，一定的温度条件下，平衡含水率与水分活度之间的关系曲线。水分活度代表的是食品中的自由水，而微生物和生化反应通常只利用食品中的自由水。因此，水分活度是确定合适的干燥工艺以及保藏工艺的重要参数，是研究干燥动力学、水分扩散特性、干燥特性曲线和传热传质的基础数据，对于设计和优化采后操作如干燥处理和贮藏都十分必要。

苜蓿草在生产加工过程中常常因调制方法不当技术应用不合理造成大量营养物质的消耗损失，降低苜蓿干草的品质。因此最大限度地减少营养物质的损失，对于提高苜蓿干草的生产效益和经济效益是极为重要的。为此，各国学者对牧草收获中营养物质变化和防止营养物质损失等方面进行了广泛的研究。目前，国内外关于农产品及食品的吸着等温线的研究主要包括水分活度对农产品干燥过程中褐变、腐烂和微生物作用等现象的影响研究和吸着等温线的模型研究。目前，对于苜蓿的研究国内还尚无开展，国外 Arabhosseini 等人采用饱和盐溶液法对紫花苜蓿的吸着等温线进行了初步研究。

为了掌握苜蓿收获干燥过程中的解吸等温线，控制干燥过程和贮藏稳定性。本章节采用基于镜面冷凝露点等温线法的水活度仪，综合考虑苜蓿收获季节的晾晒及贮藏温度，测定了 20℃、30℃、40℃ 条件下苜蓿顶部茎秆、中部茎秆、根部茎秆以及叶片的水分解吸等温线，并分析其水分活度对收储过程中的安全含水率的影响。

一、材料与方法

采用现蕾期的紫花苜蓿，刈割时留茬高度为 8~15cm。分别剪取刈割后苜蓿的主茎秆和叶片进行分类，将主茎秆由根部到顶端分为直径和质地差异较大的 3 部分：根部茎秆，中部茎秆，顶部茎秆。将分类后的茎秆切成 3~5mm 长的草段作为试验样品。最终得到 4 类试验样品：叶片，根部茎秆，中部茎秆，顶部茎秆。

新鲜的样本分类后密闭于玻璃瓶中置于 4℃ 下平衡 24h 再测定初始含水率（湿基 w. b.）。将测定含水率后的各类样品分成 12 份，在 50℃ 常压下，采用卤素水分测定仪将样品干燥成含水率梯度约为 2 %（湿基含水率区间 4%~10%）、5%（湿基含水率区间 11%~30%）和 10%（湿基含水率区间 31%~70%）的样品。将制得的样品密闭于玻璃瓶中放于 4℃ 的恒温恒湿箱中平衡 10d 后测定样品的含水率和水分活度。

水分活度的测定方法：依据 BS ISO 21807：2004 标准采用镜面冷凝露点法，将样品装入 Aqualab 4TE 水分活度仪的样品盒中，分别测定（20℃、30℃、40℃）条件下苜蓿顶部茎秆、中部茎秆、根部茎秆以及叶片的水分活度 a_w。每个试验重复 5 次并取平均值作为实验值。

平衡含水率的测定方法：采用 GB/T 5009.3—2010《食品中水分的测定》。以（w. b.）表示湿基含水率，以（d. b.）表示干基含水率。

解吸等温线模型：参考国内外相关文献，选取茎叶类农产品中应用较广的 5 种数学模型对苜蓿样品的解吸等温线值进行拟合。拟合模型见表 2.1。表 2.1 中 X 表示样品的平衡含水率，a_w 表示水分活度，A、B、C 为待定系数。

表 2.1 解吸等温线拟合模型

表 2.1 解吸等温线拟合模型
Table 2.1 Models for fitting sorption isotherm of alfalfa

模型名称	模型表达式
Henderson	$X = \left[\dfrac{-\ln(1 - a_w)}{A} \right]^{\frac{1}{B}}$
Halsey	$X = \left(\dfrac{-A}{\ln a_w} \right)^{\frac{1}{B}}$
Oswin	$X = A \left(\dfrac{a_w}{1 - a_w} \right)^{B}$
GAB	$X = \dfrac{ABC\,a_w}{(1 - Ba_w)(1 - Ba_w + BCa_w)}$
Chung-Pfost	$X = A + B\ln(-\ln a_w)$

二、结果与分析

1. 解吸等温线

苜蓿叶片在20℃、30℃和40℃条件下的解吸等温线如图2.1所示。由图2.1可知，在上述温度条件下的解吸等温线变化趋势基本一致。在干燥过程中，叶片在高水分活度区间（0.7~1）平衡含水率下降较快，其中的水分为游离态水。在中等水分活度区间（0.25~0.7）平衡含水率的下降速度减慢，平衡含水率在低水分活度区间（0~0.25）的下降速度又开始加快。这种情况

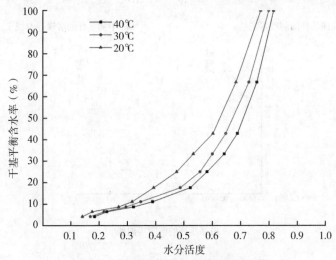

图 2.1 不同温度下叶片的解吸等温线
Fig. 2.1 Desorption isotherms of alfalfa leaves at different temperatures

说明苜蓿叶片的解吸等温线属于Ⅱ型等温线。

不同温度条件下的解吸等温线以低温在上，高温在下的趋势分布。比较各温度条件下的等温线差异可知，30℃和40℃之间的差异小于20℃和30℃之间的差异，这可能是由于在较高的温度下，水分子会变得活跃，水分子的活性和亲水力提高。

苜蓿顶部茎秆、中部茎秆、根部茎秆在20℃、30℃和40℃条件下的解吸等温线如图2.2（a、b、c）所示。由图2.2可以看出，不同部位的茎秆在不同温度条件下的等温线类型相似，曲线的切线无穿越曲线的拐点。因此，苜蓿茎秆的解吸等温线属于Ⅲ型等温线。20℃、30℃、40℃解吸等温线在曲线形状近似不变的情况下，随温度的升高依次向右下方移动，这说明温度对解吸等温线有显著影响。

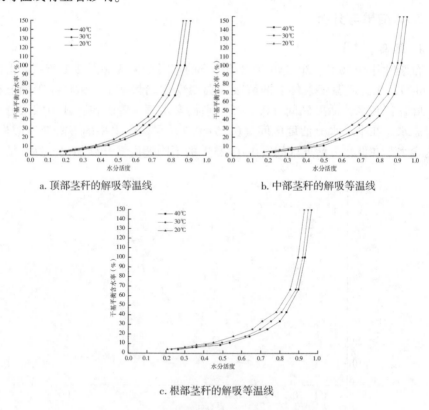

a. 顶部茎秆的解吸等温线　　　　　　b. 中部茎秆的解吸等温线

c. 根部茎秆的解吸等温线

图 2.2　不同温度下茎秆的解吸等温线

Fig. 2.2　Desorption isotherms of alfalfa stems at different temperatures

图 2.2（a、b、c）的高水分活度区域（0.7~1）内，茎秆的平衡含水率下降迅速，而水分活度由 0.4 降至 0.1 时，平衡含水率的下降速度逐渐缓慢。对比图 2.2 中的 a、b、c 可知，不同部位的茎秆在不同的水分活度区间内，苜蓿茎秆的平衡含水率（d.b.）的变化速率不一致。随平衡含水率的下降，水分活度的下降速度由根部茎秆到顶部茎秆逐步加快。

2. 解吸等温线模型拟合及评价

用表 2.1 中 5 种模型对苜蓿叶片在 20℃、30℃ 和 40℃ 条件下的解吸等温线数据进行拟合，模型的拟合精度采用 5 种模型的拟合决定系数 R^2 和拟合结果的残差进行分析评价。拟合决定系数 R^2 的值在 0~1 变化，R^2 越接近 1 表明拟合效果越好。在此基础上对拟合模型进行残差分析，采用残差平方和（RSS）来评估观测值与模型拟合值的平均偏差程度，数据的残差平方和越小，其拟合程度越好。采用自变量的残差图的散点分布是否漂移来衡量模型的适用性，残差图的散点在 0 周围随机分布，则表明该自变量在试验中没有漂移，拟合优度好。残差图的散点若出现一定规律的分布，则表明有漂移，需要改善拟合模型。拟合结果见表 2.2。

表 2.2　不同拟合模型对叶片的拟合优度对比

Table 2　Fit goodness comparison of different desorption isotherms models for leaves

模型	拟合决定系数 R^2			残差平方和（RSS）			散点分布
	20℃	30℃	40℃	20℃	30℃	40℃	
Henderson	0.991 3	0.988 6	0.981 4	0.043 6	0.056 9	0.092 7	无漂移
Halsey	0.944 9	0.940 2	0.923 6	0.274 4	0.298 1	0.380 7	有漂移
Oswin	0.965 9	0.958 9	0.942 5	0.169 8	0.204 9	0.286 5	有漂移
GAB	0.996 7	0.995 8	0.994 2	0.014 6	0.018 5	0.026 1	无漂移
Chung-Pfost	0.906 4	0.898 2	0.901 1	0.466 4	0.507 3	0.492 7	有漂移

由表 2.2 可以看出，在 3 个温度条件下，GAB 模型的拟合决定系数 R^2 最高，残差平方和（RSS）最小，拟合效果最好，Henderson 模型的拟合优度次之。因此可以采用 GAB 和 Henderson 模型来描述苜蓿叶片在 20℃、30℃ 和 40℃ 条件下的解吸等温线。GAB 和 Henderson 模型的参数值如表 2.3 所示。

表 2.3　GAB 和 Henderson 模型的参数值

Table 2.3　Parameters of GAB and Henderson models

模型	参数	温度		
		20℃	30℃	40℃
GAB	A	155.703 5	97.455 3	99.336 8
	B	0.725 4	0.764 9	0.782 6
	C	0.002 3	0.002 6	0.001 9
Henderson	A	1.478	1.628	1.823 6
	B	0.716 6	0.661 7	0.667 2

对首蓿茎秆在 20℃、30℃和 40℃条件下的解吸等温线数据进行拟合，5 种模型的拟合结果见表 2.4。由表 2.4 可以看出，顶部茎秆在 3 个温度条件下，GAB 模型的拟合决定系数 R^2 最高，Henderson 模型的拟合优度与 GAB 模型基本持平，但 Henderson 模型的残差平方和略大于 GAB 模型，因此采用 GAB 模型和 Henderson 模型均可较好拟合顶部茎秆。对于中部茎秆和根部茎秆而言，在 3 个温度条件下，GAB 模型和 Oswin 模型的拟合决定系数 R^2 均超过 0.99 的拟合优度，两个模型的残差散点都比较均匀无漂移的分布在平均值的两侧，因此可以采用 GAB 和 Oswin 模型都可以很好地描述首蓿中部及根部的茎秆在 20℃、30℃和 40℃条件下的解吸等温线。

表 2.4　不同拟合模型对茎秆的拟合优度对比

Table 2.4　Fit goodness comparison of different desorption isotherms models for stems

茎秆部位	模型	拟合决定系数 R^2			残差平方和（RSS）			散点分布
		20℃	30℃	40℃	20℃	30℃	40℃	
顶部茎秆	Henderson	0.994 6	0.994	0.994 6	0.027	0.029 7	0.027 1	无漂移
	Halsey	0.973	0.971	0.972 5	0.134 4	0.144 3	0.137 1	有漂移
	Oswin	0.983 2	0.980 6	0.981 3	0.083 7	0.096 5	0.093 2	有漂移
	GAB	0.995 9	0.996	0.996	0.018 2	0.017 7	0.017 7	无漂移
	Chung-Pfost	0.870 9	0.865 7	0.873	0.643 1	0.668 7	0.632 5	有漂移

（续表）

茎秆部位	模型	拟合决定系数 R²			残差平方和（RSS）			散点分布
		20℃	30℃	40℃	20℃	30℃	40℃	
中部茎秆	Henderson	0.997 1	0.995 4	0.989	0.014 2	0.022 8	0.054 8	有漂移
	Halsey	0.990 5	0.989 8	0.998 7	0.047 3	0.050 9	0.006 7	有漂移
	Oswin	0.996	0.994 7	0.999 5	0.02	0.026 2	0.002 1	无漂移
	GAB	0.999 4	0.998 5	0.998 8	0.002 4	0.006 6	0.005 1	无漂移
	Chung-Pfost	0.860 6	0.866 8	0.834 8	0.694 1	0.663 6	0.822 8	有漂移
根部茎秆	Henderson	0.991	0.992 8	0.985 6	0.044 7	0.035 5	0.071 7	有漂移
	Halsey	0.998 7	0.997 5	0.991 7	0.006 5	0.012 4	0.041 2	有漂移
	Oswin	0.999 4	0.999 1	0.993 2	0.003	0.004 3	0.033 9	无漂移
	GAB	0.999 4	0.999 5	0.994 8	0.001 3	0.002 2	0.002 3	无漂移
	Chung-Pfost	0.813 2	0.827 5	0.841 6	0.930 3	0.859 2	0.789 2	有漂移

采用表 2.4 中优选的模型来描述苜蓿叶片在 20℃、30℃ 和 40℃ 条件下的解吸等温线。得到模型的参数值如表 2.5 所示。

表 2.5　茎秆模型的参数值

Table 2.5　Parameters of stem models

茎秆部位	模型	参数	温度		
			20℃	30℃	40℃
顶部茎秆	GAB	A	1.595 6	10.677 6	0.299 6
		B	0.861 7	0.847 5	0.939 1
		C	0.094 7	0.011 1	0.347
	Henderson	A	1.713	1.856 8	2.052 7
		B	0.554 2	0.536 5	0.534 7
中部茎秆	GAB	A	0.195 3	0.141 5	0.087 4
		B	0.970 3	0.975 8	0.992
		C	0.892 1	1.185 6	3.318 5
	Oswin	A	0.209 4	0.181 9	0.129 5
		B	0.815 2	0.770 4	0.826

（续表）

茎秆部位	模型	参数	温度		
			20℃	30℃	40℃
根部茎秆	GAB	A	0.115 9	0.093 3	0.078 4
		B	0.996 29	0.989 9	0.984
		C	1.530 9	1.923 1	2.722 3
	Oswin	A	0.136 1	0.128 7	0.120 1
		B	0.926 6	0.830 5	0.766 8

分析表2.2、表2.4中的拟合优度、残差分布因素可知，顶部茎秆和叶片采用 GAB 模型和 Henderson 模型拟合效果最好，而中部茎秆和根部茎秆适用于 GAB 和 Oswin 模型，这与顶部茎秆和叶片适用的模型有一定的差异。对比表2.3、表2.5中模型的参数值、表达式等因素可知，叶片和各部分茎秆均可采用 GAB 模型，但模型参数的取值差异较大并呈现以下规律。叶片采用 GAB 模型时参数 $C \leqslant 0.0026$ 接近于 0，中部茎秆和根部茎秆采用 GAB 模型时的参数 B 值变化范围较小（0.97~1），而顶部茎秆采用 GAB 模型时的取值范围则处于叶片与中部茎秆之间且参数值与中部茎秆接近。

三、结　论

苜蓿茎叶中的各类生理生化反应和微生物的生长都需要在一定的水分活度条件下才能进行，而食品微生物学研究表明，当水分活度值 a_w 低于 0.65 时，大多数微生物都无法生长，食品可以保存 1~3 年，所以苜蓿在收获、干燥及储藏过程中需要控制物料的水分活度，使得其能够相对安全的储藏。如果将水分活度值 0.65 时所对应的平衡含水率设为安全含水率阈值，由图2.1、图2.2对应的实验数据可以看出，在同一水活度条件下，苜蓿茎秆和叶片的安全含水率存在着较大的差异，储藏温度不同对安全含水率的要求也不同。在 30~40℃ 环境下，叶片的含水率低于 25% 即可安全储存，而茎秆低于 15% 才可以安全储存。在不超过 30℃ 的环境下，叶片的含水率低于 30% 即可安全储存，而茎秆则需要低于 17% 的含水率，且温度越低对应的安全含水率越高。

对比各部位的解吸等温线模型可知，中部茎秆和根部茎秆采用 GAB 模型时的参数 B 值变化范围较小，为 0.97~1，因此该模型也具有优化的潜力。将中部茎秆和根部茎秆 GAB 模型的系数 B 常数化为 0.97~1 的某值后，再将实验数据代入该方程中进行拟合，得到新的拟合决定系数远低于原模型，拟合优度大大降低。因此，中部茎秆和根部茎秆适用于通用的 GAB 和 Oswin 模型。在 20℃、30℃和 40℃温度条件下，叶片采用修正的 GAB 模型拟合效果最好，且修正后的模型参数 B 的值基本保持不变。中部茎秆和根部茎秆采用 GAB 模型和 Oswin 模型的拟合优度最高。当苜蓿茎叶的解吸等温线均采用 GAB 模型时，模型的参数 B 的值在区间 0.7~1.0 逐步变化并具有以下规律：叶片小于顶部茎秆，顶部茎秆小于中部茎秆，中部茎秆和根部茎秆进本持平。在模型适用方面，顶部茎秆和叶片采用 GAB 模型拟合效果最好。

第二节　影响苜蓿干燥过程中的因素

苜蓿收获和干草制备具有很强的时效性，干燥过程对苜蓿干草产品的品质有很大影响。为了加快苜蓿的干燥速率，人们通过破坏茎秆及其表面结构或化学处理的方法，加快其内部水分的散失，缩短干燥时间，并对田间环境下不同处理条件的苜蓿干燥特性进行了广泛的研究。近年来，国内外学者利用热风、太阳能以及组合干燥等方法，对干燥的工艺过程机理、技术应用参数和装备等方面进行了研究，取得了一定的成果。这为人工干燥技术在苜蓿收获加工领域的应用提供了坚实的基础。由于苜蓿的产量大，人工干燥虽然能较好地保留苜蓿干草的营养和色香味，但干燥所需时间长、干燥过程能耗大，导致能耗成本成为产品成本的主要组成部分。因此，在保证产品品质的前提下，近年来采用太阳能等清洁能源进行低温热风干燥已成为降低干燥的能耗成本以及提高干燥效率的重要途径。本章节针对我国量大面广的苜蓿干燥加工产业普遍高能耗、重污染等突出问题，以紫花苜蓿茎秆为材料，主要研究了压扁程度、茎秆直径、加热温度和风速 4 个物料参数和过程参数对干燥时间和能耗的影响，为干燥装备的设计及干燥工艺流程的选择及组合提供能耗依据。

一、材料与方法

1. 苜蓿压扁试验装置

压扁试验采用的压扁试验台结构如图 2.3 所示。驱动齿轮和压扁辊同轴安装在机架上，其轴心为 O_1。偏心辊的轴心为 O_2，但其通过以 O_3 为轴心的轴安装在机架上。压扁辊和偏心辊上的齿轮相互啮合，驱动两个辊相向转动。

由图2.3结构可知，两个辊的直径不变，则辊间隙值 h 由两个辊的轴心 O_1O_2 之间的距离决定。依据余弦定理

$$(l_{O_1O_2}) = \sqrt{(l_{O_1O_3})^2 + (l_{O_3O_2})^2 - 2(l_{O_1O_3})(l_{O_3O_2})\cos\angle O_1O_3O_2}$$

式（2.1）

由于 $l_{O_1O_3}$ 和 $l_{O_3O_2}$ 的长度为定值，结合公式（2.1）的表达式可知，改变 $\angle O_1O_3O_2$ 的值即可得到不同的 $l_{O_1O_2}$ 值和间隙值 h。在每组试验前将压扁辊之间的间隙调整至所需宽度，并将辊间隙指针固定，然后将处理好的苜蓿草段，放置于两个压扁辊之间，并转动压扁辊进行不同程度的压扁。

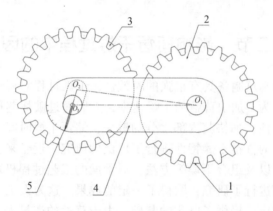

1 压扁辊　2 驱动齿轮　3 偏心辊　4 机架　5 辊间隙指针

图2.3　压扁试验台

采用人工气候箱进行模拟自然干燥条件。BD-PRX 型人工气候箱的可控温度范围为 $0\sim50℃$，可调相对湿度 $50\%\sim95\%$RH，光照度 $0\sim22\,000$lx。环境温度 $24\sim26℃$，相对湿度 $33\%\sim45\%$。烘箱由天津市实验仪器厂生产的 DL104 型电热鼓风干燥箱，用来测取苜蓿的初始含水率。电子天平采用 Sartorius BS210S 型电子天平，可读性 0.1mg，最大称量是 210g。

2. 压扁系数的定义

依据割草调制机在收获苜蓿过程可知，用于调节苜蓿被压扁程度的压扁辊不可能针对苜蓿的根部及顶部施加不同的压扁量。因此，最有意义的做法是以苜蓿茎秆最粗部位的压扁程度作为机具的作业参数进行衡量。对试验因素进行如下定义：

定义苜蓿茎秆的直径最大处在被压扁前后的截面厚度比为最大压扁系数

C_{max}。在试验过程中，通过改变压扁辊之间的间隙得到不同的最大压扁系数C_{max}。苜蓿在压扁过程中的压扁系数C_{max}的测定，按式（2.2）计算。

$$C_{max} = \frac{h}{H} \qquad 式（2.2）$$

式中：

H 为苜蓿茎秆的直径最大处在被压扁前的截面直径；

h 为两个压扁辊之间的间隙。

3. 试验工艺流程

干燥试验的工艺流程：苜蓿主茎秆→按直径分类→统一降至 70% 含水率→压扁→干燥试验→采集含水率变化和功耗数据。技术要点：试验取干燥能耗最高、干燥速率最慢的主茎秆为试验对象，取主茎秆直径较均匀的苜蓿作为样本，将主茎秆按照直径不同进行分类，取部分样品放在 105℃ 烘箱中干燥 5h 后，取出后放置在密封的干燥器中冷却至常温并立即称重，测得样本的初始含水率范围为 75.67%~78.79%。由于新鲜的苜蓿含水率存在着一定的差异，为了减小含水率不同造成误差以及对比性差的问题，本试验设计将苜蓿茎秆含水率统一降至 70% 然后在不同的参数条件下进行干燥试验。试验过程中电参数和含水率值的采样频率为 1Hz。仪器的干燥终点设定为：连续三次的采集值之差小于 0.002g 时为干燥终点。使用 MB35 型卤素水分测定仪实时测定在某个干燥温度下水分的变化并传送至电脑保存，电参数测试仪同步记录每次实验的实时功率消耗并传送至电脑进行保存。

4. 试验因素及水平的选取

影响苜蓿干燥的因素较多，结合当前清洁能源干燥苜蓿的发展现状及工程实际需求选取以下因素进行试验，并参考相关文献的研究结论和预试验结果确定试验因素，选取较佳的参数水平进行试验。

（1）干燥温度对干燥功耗及效率的影响。研究表明，采用低温干燥对太阳能等清洁能源而言易于实现，且可以较好保存其中的热敏性营养物质。文献研究表明 70℃ 的热风干燥温度可以获得较好的苜蓿品质和干燥效率。基于上述研究结果，本书将苜蓿铺为薄层，选择干燥温度为 60℃、65℃、70℃、75℃、80℃进行试验。

（2）压扁程度对干燥功耗及效率的影响。苜蓿茎秆的水分扩散是一个复杂的过程，涉及水分子在维管束中的毛细管流动以及茎秆外表面的比表面能等因数。不同程度地压扁不但会破坏茎秆表皮的蜡质层，降低表面能，还可能破坏内部细胞壁破裂，减小部分结合水扩散阻力。此外，压扁后茎秆的形貌变化也改变了水分扩散的距离，减小内部扩散阻力。参考文献的研究结果，选择压扁系数为 100%，90%，80%，70%，60% 进行试验。

（3）风速对干燥功耗及效率的影响。苜蓿茎秆表面有足够的水分蒸发时，风速的差异直接影响着质热交换。在试验托盘中放入一定量的水作为干燥物料进行预试验，预试验结果表明，当风速为 2.2m/s 时，水的蒸发速率达到最大值。因此，基于节能的考虑，选择风速为 0.5m/s，1.0m/s，1.5m/s，2.0m/s，2.5m/s 进行试验。

（4）苜蓿茎秆直径对干燥功耗及效率的影响。不同地域气候条件下的苜蓿长势往往存在着一定的差异，刈割后苜蓿的苜蓿茎秆直径的不同，水分在其内部的扩散阻力也不同，因此物性参数对干燥的能耗和效率也存在着影响。试验选择直径为 1mm，2mm，3mm，4mm，5mm 的苜蓿茎秆进行试验。

5. 试验指标的测定方法

（1）水分测定仪热效率的测定。苜蓿在干燥过程中所需要的能量包括，物料最初被加热升温所消耗的能量以及所含水分气化所需要的能量。本试验热效率的测定方法是将水分测定仪的电源与电参数仪联接，分别设定水分测定仪的加热温度为 60℃、70℃、80℃，通过测量一段时间内试验容器和试验水的温度变化及质量变化对应的仪器耗电量，则可以得到热效率 η 计算公式为：

$$\eta = \frac{c_1 m_1 \Delta T + c_2 m_2 \Delta T + r_{水} \Delta m}{W} \times 100\% \qquad 式（2.3）$$

式中，m_1 是试验水的质量，g；c_1 是试验水的比热容，J/（kg·℃）；m_2 是实验容器的质量，g；c_2 是实验容器的比热容，J/（kg·℃）；Δt 是干燥前后试验水和实验容器的温度差，℃；$r_{水}$ 是水在 100℃ 时的汽化潜热值，kJ/kg；W 是水分测定仪的耗电量，J。

实验将水的质量作为自变量，通过改变水的质量多次测量在一定时间内水的温度差以及仪器消耗的电量，计算水分测定仪的热效率。

（2）水分比的测定。水分比（MR）用于表示一定干燥条件下物料还有多少水分未被干燥除去，可以用来反映物料干燥速率的快慢。假设苜蓿干燥样品的初始重量为 m_0，干物质重量为 m_g，测定时当前重量为 m_t。

则试验中仪器显示数值时的实时含水率：

$$X_t = （初始重量－当前重量）／初始重量 = (m_0 - m_t)/m_0 \qquad 式（2.4）$$

其初始干基含水率：$\quad c_o = (m_o - m_g)/m_g$　　　　式（2.5）

干燥时 t 时刻的干基含水率：

$$c_t = (m_t - m_g)/m_g \qquad 式（2.6）$$

由式（2.5）和式（2.6）可以得出水分比：

$$MR = \frac{c_t}{c_0} = \frac{m_t - m_g}{m_0 - m_g} \qquad 式（2.7）$$

（3）干燥速率的测定。干燥速率 DR 由公式（2.8）求得：

$$DR = \frac{M_{t+\Delta t} - M_t}{\Delta t} \qquad 式（2.8）$$

式中：$M_{t+\Delta t}$ 为 t+Δt 时刻的干基含水率，kg/kg；M_t 为 t 时刻的干基含水率，kg/kg；t 为干燥时间，min；DR 为干燥速率，kg/(kg·min)。

（4）干燥能耗的测定。干燥能耗以干燥过程中单位质量的脱水量所需要的能量计算，使用 MB35 型卤素水分测定仪实时测定在某个干燥温度下水分的变化并传送至电脑保存，电参数测试仪同步记录每次实验的实时功率消耗并传送至电脑进行保存，然后对功率进行积分运算获得耗电量。物料在 t 时刻（或 t 时刻的干基含水率 M_t）消耗的能耗 W_t 采用式（2.9）计算：

$$W_t = \int_0^t P_t \mathrm{d}t \qquad 式（2.9）$$

式中：P_t 为 t 时刻的功率值，W；能耗 W_t，J。

二、结果与分析

1. 苜蓿主茎秆的整体含水率变化

不同压扁系数条件下，苜蓿主茎秆的整体含水率如图 2.4 所示。由图 2.4 可看出，在模拟田间晾晒条件下，苜蓿茎秆的水分散失速度随压扁程度的增大而增大。对比苜蓿达到 20% 的安全含水率所用的时间，未压扁的苜蓿茎秆需要约 19.5h，压扁系数为 70% 的苜蓿茎秆需要 18h，压扁系数为 55% 的苜蓿茎秆需要 15h，压扁系数 40% 的需要 7.5h，压扁系数为 25% 的只需要 2h。压扁系数大于 55% 时，水分散失速度较均匀。压扁系数小于 40% 时，水分散失速度先快后慢，尤其在 0~2h 内，水分散失速度最快，然后逐渐下降。

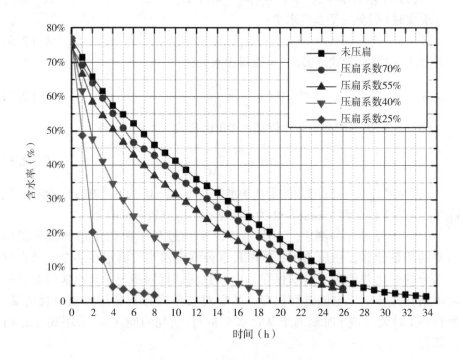

图 2.4 苜蓿主茎秆的整体含水率变化

2. 茎秆内不同部位段的含水率变化规律

在不同的压扁系数下，苜蓿主茎秆内不同部位段的含水率变化规律如图2.5~图2.8所示。图2.5为压扁系数70%的苜蓿茎秆内不同部位段的含水率变化图。图2.6为压扁系数55%的苜蓿茎秆内不同部位段的含水率变化图。图2.7为压扁系数40%的苜蓿茎秆内不同部位段的含水率变化图。图2.8为压扁系数25%的苜蓿茎秆内不同部位段的含水率变化图。对比图2.5~图2.8可以看出，在不同的压扁系数下，苜蓿茎秆内不同部位段的水分散失速度各异，其中，压扁系数55%的苜蓿茎秆内不同部位段的含水率变化较一致，而压扁系数40%的苜蓿茎秆内不同部位段茎秆干燥速度差异较大。由图2.6可以看出，对于压扁系数55%的不同部位段茎秆，各段茎秆含水率降至20%的安全含水率所用的时间为14~16h。由图2.7可以看出，当压扁系数为40%时，各段茎秆含水率

降至 20% 的安全含水率所用的时间区间为 5~10h，其中靠近根部的第 1
段用时最短为 5h，靠近顶部的第 4、5 段用时最长为 10h。上述变化规
律说明，在苜蓿压扁晾晒过程中增加压扁的程度虽然可以增加干燥速
度，但由于茎秆不同部位的水分散失速度对压扁程度的敏感度不同，会
造成根部和顶部茎秆的含水率差异。苜蓿干燥过程中，当压扁系数是
55% 时，苜蓿茎秆不同部位段的含水率变化较一致，因此，55% 是一个
较合适的压扁系数。

对比图 2.5~图 2.8 中各图的茎秆平均含水率和不同部位段的含水率可
知，在各时间点，整个茎秆的平均含水率总是接近或略高于第 3 段的含水率。
对于压扁系数为 40% 和 20% 的苜蓿茎秆，当茎秆平均含水率降至 20% 的安全
含水率时，靠近茎秆顶部的第 4、5 段的含水率仍高达 25% 以上。这说明在苜
蓿晾晒时应当注意，重度压扁的苜蓿当平均含水率符合存储要求时，其顶部
茎秆的含水率仍会高于要求 5% 以上。

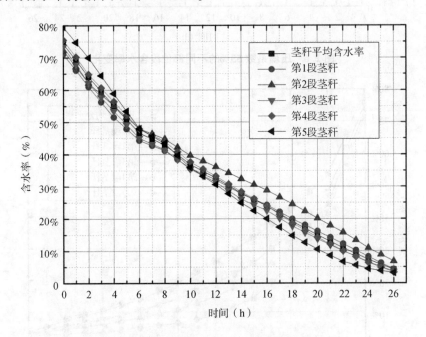

图 2.5　压扁系数 70% 的不同部位段含水率变化

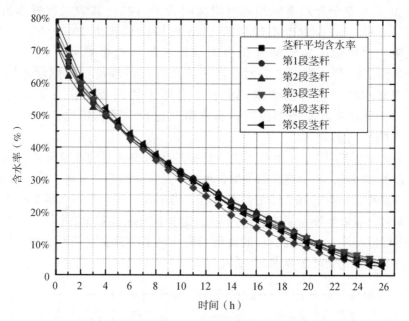

图 2.6 压扁系数 55%的不同部位段含水率变化

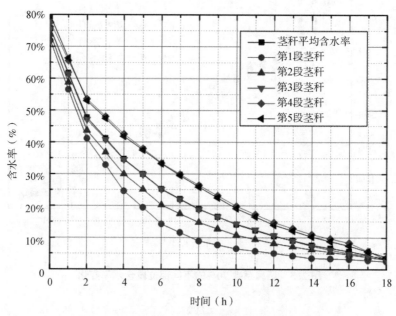

图 2.7 压扁系数 40%的不同部位段含水率变化

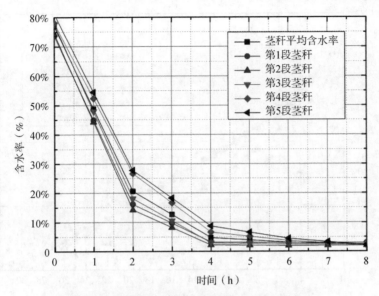

图 2.8 压扁系数 25%的不同部位段含水率变化

3. 压扁系数对各段茎秆水分散失的影响

对同一段茎秆在不同压扁系数下的含水率变化进行统计，得到第 1~5 段茎秆在未压扁以及不同压扁系数下的对比结果如图 2.9~图 2.13 所示。

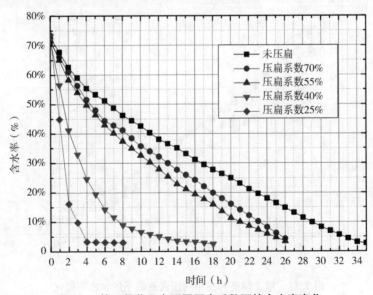

图 2.9 第 1 段茎秆在不同压扁系数下的含水率变化

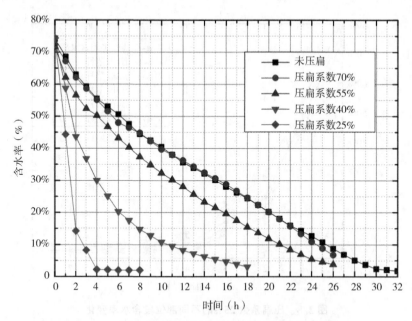

图 2.10　第 2 段茎秆在不同压扁系数下的含水率变化

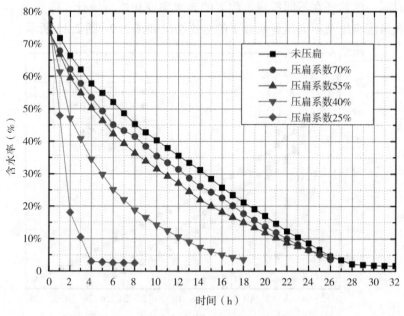

图 2.11　第 3 段茎秆在不同压扁系数下的含水率变化

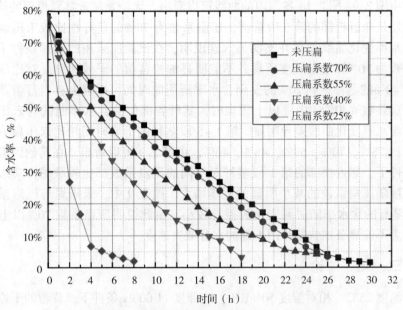

图 2.12   第 4 段茎秆在不同压扁系数下的含水率变化

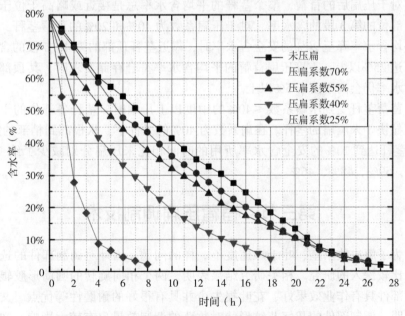

图 2.13   第 5 段茎秆在不同压扁系数下的含水率变化

由图2.9~图2.13各图内的曲线可以看出，无论是靠近茎秆根部的第1段苜蓿还是靠近梢部的第5段苜蓿，压扁系数为70%的茎秆相比较未压扁的茎秆含水率变化曲线差异并不明显。这说明，在试验所采用的气候条件下，压扁系数为70%以上的轻度压扁并不能明显加快苜蓿的干燥速度。对比压扁系数为40%的茎秆达到20%的安全含水率所用的时间可以看出，当苜蓿茎秆受到压扁系数≤40%的中度以上压扁时，茎秆各部位的含水率曲线与未压扁的茎秆含水率变化曲线差异明显。第1~5段茎秆的干燥时间相比未压扁分别减少了约78%，70%，59%，48%，46%。由图2.9可以看出，在其他因素不变的条件下，靠近根部的第1段茎秆对不同的压扁系数都比较敏感，其水分散失速度随压扁系数的减小明显的逐步增大。图2.9中，未压扁与压扁系数为70%茎秆的含水率随时间变化的差异较小，由此说明压扁系数70%以上的轻度压扁不能显著加快茎秆中上部的水分散失速度。

三、结　论

温度25℃，相对湿度50%RH，光照度11 000lx条件下，苜蓿的干燥速度尽量快的同时并保证苜蓿同一植株的含水率变化尽量一致的压扁系数为55%。

对于压扁后的苜蓿，整个茎秆的平均含水率总是接近或略高于位于茎秆中间部位的第3段的含水率。对于压扁系数为40%和20%的苜蓿茎秆，当茎秆平均含水率降至20%的安全含水率时，靠近茎秆顶部的第4、5段的含水率仍高达25%以上。重度压扁苜蓿的平均含水率符合存储要求时，其顶部茎秆的含水率仍会高于要求5%以上。

苜蓿茎秆受到压扁系数≤40%的中度以上压扁时，茎秆各部位的干燥速度明显快于未压扁的茎秆。在扁系数为40%的条件下，从根部到梢部的第1~5段茎秆达到20%的安全含水率所用的时间相比未压扁分别减少了约78%，70%，59%，48%，46%。

第三节　苜蓿压扁调制技术

为了解决牧草茎、叶干燥速度不一样的问题，国外对调制部件的选择进行了比较深入的研究。相关研究结果表明，两个相向旋转的圆筒形胶辊作为调制部件具有作业效果好、花叶损失少并具有很好的耐磨性等优点。文献研究表明，调制部件的几何花纹形状对牧草的调制效果也有较大影响。文献对苜蓿调制辊的压力、干燥速率、收获损失及干物质含量之间关系研究表明，在每厘米宽度上两个调制辊对苜蓿的压力为 120~157N 时综合作业效果最好。对两圆柱形辊间物料的压缩研究，假设牧草喂入调制部件时的厚度均匀，建立的带人字形凸纹的圆筒形胶辊对牧草的压扁模型。模型中圆筒中心线的法向截面图如图 2.14 所示。

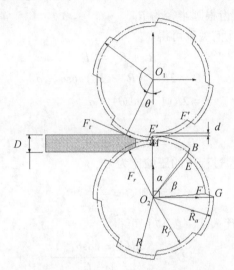

图 2.14 压扁模型中压扁辊的法向截面图

模型中胶辊对牧草的作用力分解为沿胶辊表面切线方向的切向力 F_t 和过胶辊轴心且与切向力垂直的法向力 F_r。假设牧草进入胶辊时匀速，且忽略牧草的重量，胶辊受到的合力：

$$F = F_r / \cos\theta \qquad\qquad 式（2.10）$$

根据式（2.10）由力的合成定理可得：

$$F_t = F_r \tan\theta \qquad\qquad 式（2.11）$$

假设胶辊与牧草之间的摩擦系数为 μ，

$$F_t = \mu F_r \qquad\qquad 式（2.12）$$

需要指出的是，在牧草被压缩过程中，由于容积密度发生变化，而且牧草被压缩时内部部分水分被挤出包围在茎秆周围，导致 μ 的大小随着角度 θ 的变化产生微小的变化。求出切向力 F_t 乘以胶辊半径后即可得到压扁扭矩，乘以胶辊转速即可得到压扁所需的功率。依据作业要求及三角函数关系，牧草在接触胶辊时的理想状态是在摩擦力作用下瞬间即被喂入两胶辊之间，要求 $F_r \tan\theta \leqslant \mu F_r$，即 $\tan\theta \leqslant \mu$，反之则会出现滑动摩擦导致牧草在胶辊表面滑动而无法喂入，最终出现堵塞现象。并由三角函数关系可得到：

$$\cos\theta \geqslant \frac{1}{\sqrt{1 + \mu^2}}$$ 式（2.13）

牧草被压扁前的喂入厚度为 D ，压扁后的厚度为 d ，胶辊的中径为 R ，齿顶圆半径为 R_a ，齿根圆半径为 R_f 。

依据图形中的几何关系可得：

$$R_f + R_a = 2R$$ 式（2.14）

$$D = 2R - (R_a + R_f)\cos\theta + d$$
$$= 2R(1 - \cos\theta) + d$$ 式（2.15）

且由图形可知：

$$D_{\max} = 2R(1 - \cos\theta_{\max}) + d$$ 式（2.16）

假设牧草在压缩过程中的压缩比为 C ，

$$则 \quad C = \frac{d}{D_{\max}}$$ 式（2.17）

将式（2.16）代入式（2.17）可得：

$$D_{\max} = \frac{2R(1 - \cos\theta_{\max})}{1 - C}$$ 式（2.18）

将式（2.13）代入式（2.18）可得：

$$D_{\max} \leqslant \frac{2R(\sqrt{1 + \mu^2} - 1)}{(1 - C)\sqrt{1 + \mu^2}}$$ 式（2.19）

由式（2.19）可知，当摩擦系数一定且压缩比给定后，牧草的喂入厚度与胶辊直径呈正比关系，参考文献研究所得苜蓿与不同材料间摩擦系数结论，即可得到胶辊中径 R 。

为了使牧草得到较均匀的折弯压扁程度，并保证凸纹之间不发生静态干涉，要求：

$$\overset{\frown}{AB} = 2d + \overset{\frown}{E'F'} = 2d + \overset{\frown}{EF}$$ 式（2.20）

由于胶辊表面的凸纹对称分布，可取 90 度的 $\angle AO_2G$ 作为研究对象。其中，$\angle BO_2E = \angle GO_2E = 3°$ ，$\angle AO_2B = \alpha$ ，$\angle EO_2F = \beta$ 。代入式（2.20）可得：

$$\frac{\alpha}{180}\pi R_a = 2d + \frac{\beta}{180}\pi R_f$$ 式（2.21）

由图形可知 α ，β 存在以下关系：

$$\alpha + \beta + 2 \times 3^{\circ} = 90^{\circ} \qquad\qquad 式（2.22）$$

联立式（2.14）、式（2.21）、式（2.22）即可求出 α，β，R_a，R_f。

得到压扁辊的设计参数，在作业过程中依据苜蓿的长势调节两个压扁辊的间隙，以达到合适的压扁调制效果。

第三章 收获机具的功耗及作业参数优化

第一节 收获过程中各作业环节的功耗

苜蓿收获作业过程中的总功耗是设计机具内部的传动装置和机具配套动力的依据。其设计过程主要包括：首先依据作业工况设计各个子系统的动力需求范围，然后依据各子系统的功耗进行功耗综合，然后再预留部分储备功率，最后匹配动力。设计方法主要通过理论分析和试验研究进行。本章节以苜蓿刈割压扁过程中的能耗为例，对割草调制装备的功耗进行分析。

一、割草功率分析

往复式割台的总功率消耗 P ，包括用于割草的功率 P_1，用于拖动割台前行的功率 P_2，P_3 为空转功率。参考文献研究结论：

$$P = P_1 + P_2 + P_3 \qquad \text{式 (3.1)}$$

$$P_1 = Bv_jL_0 \times 10^{-3} \ (\text{kW}) \qquad \text{式 (3.2)}$$

$$P_2 = (F_C + BT)v_j \times 10^{-3} \quad (\text{kW}) \qquad \text{式 (3.3)}$$

式中：

P_3 为空转功率，与割台的安装技术状态有关，一般每米割幅消耗功率 0.6~1.2 （kW）；

B 为工作幅宽 （m）；

v_j 为机具前进速度 （m/s）；

L_0 为茎秆切割比功切割每平方米的茎秆所需要的功 （$\text{J}^2/\text{m}^2 = \text{nm/m}^2$） 牧草一般为 200~300；

F_C 为割台与地面的摩擦阻力 （N）；

T 为单位割幅切割阻力，一般情况为 30~60N/m，牧草稠密时为 50~80N/m。

二、拨草功率分析

机具在作业过程中拨草器消耗的功率主要与工作幅宽和拨草阻力有关，参考相关文献并结合试验数据，得到拨草功耗：

$$N_b = BMv_b \times 10^{-3} \quad (kW) \qquad\qquad 式（3.4）$$

式中：

B 为工作幅宽（m）；

M 为拨草过程中受到的扭矩阻力（N/m），对于豆科牧草一般取值为 30~40N/m；

v_b 为拨草器的圆周速度（m/s），一般不超过 3m/s。

三、牵引功率分析

拖拉机牵引机具前进时消耗的牵引功率，包括机具的接地部件克服与地表的摩擦阻力需要的功率，轮胎滚动阻力消耗的功率以及克服土壤压实阻力消耗的功率。

$$F_f = F_{rc} + F_{rt} + F_{rb} \qquad\qquad 式（3.5）$$

其中，F_{rc} 为轮胎在地面上遇到的压实阻力，F_{rb} 为轮胎推土阻力，F_{rt} 为轮胎的黏滞损耗阻力。由于土壤坚实度的不同以及轮胎压力的不同，轮胎在滚动过程中可能会遇到以下情况：当地表比较松软，轮胎充气压力较大，则轮胎类似刚性结构在地表滚动；当土壤紧实度较高，轮胎接地部分为一个面，此时轮胎近似为一个弹性轮在地表滚动。由于机具在作业过程中上述两种情况都有可能遇到，因此这里采用较保守的弹性轮模型。

首先需要研究静止沉陷量 z 和单位面积压力 p 之间的关系，两者之间的表达式为：

$$\begin{cases} p = kz^n \\ k = \dfrac{k_c}{b} + k_\varphi \end{cases} \qquad\qquad 式（3.6）$$

式中：

k_c 为土壤的黏聚变形模数；

k_φ 为土壤的摩擦变形模数；

b 为轮胎的宽度。

p 可由试验测得，让轮胎在负荷 W 和充气压力为 p_i 的情况下，在水平光洁的坚硬地面上滚动，用测得的轮胎印记面积除以 W 以后，便得到单位面积

压力 p。

从而得到 z_0：

$$z_0 = \left(\frac{p}{k_c/b + k_\varphi} \right)^{\frac{1}{n}} \qquad 式（3.7）$$

车轮的水平方向上的受力平衡方程为：

$$F_{rc} = b \int_0^{z_0} p dz = b \int_0^{z_0} \left(\frac{k_c}{b} + k_\varphi \right) z^n dz \qquad 式（3.8）$$

求积分得到：

$$F_{rc} = \left(\frac{z_0^{n+1}}{n+1} \right) (k_c + b k_\varphi) \qquad 式（3.9）$$

轮胎受到推土阻力 F_{rb} 的主要原因是，当机具的左右轮胎遇到的地表不平或地表摩擦力不同，会导致机具的轮胎与拖拉机轮胎前进方向不平行，从而导致机具轮胎斜向滑动并在其前缘将土壤推成隆起的坡。推土阻力 F_{rb} 可表示为：

$$F_{rb} = b \left[cz(N_c - \tan\varphi)\cos^2\varphi + \frac{z^2\gamma}{2}\left(\frac{2N_f}{\tan\varphi} + 1 \right) \right] \qquad 式（3.10）$$

式中：γ 为土壤容重；

c 为土壤黏聚系数；

N_c、N_f 为土壤承载能力系数；

φ 为摩擦角。

阻力 F_{rt} 近似等于轮胎在光滑地面上的滚动阻力。可由以下经验公式获得：

$$F_{rt} = W \frac{v}{p_i^\alpha} \qquad 式（3.11）$$

式中：W 为车轮的负荷；

v 为前进速度；

α 为经验参数。

四、调制功率分析

由参考文献的设计经验知，调制压扁辊的转速通常为机器前进速度的 3.5~4 倍，压扁辊表面的线速度为 7~9m/s。调制机构对牧草压扁所需要的力的大小主要由牧草种类和单位时间内进入两压扁辊之间的牧草量有关。单位时间内进入两压扁辊之间的牧草量主要由机器的前进速度决定，根据不同的前进速度每米幅宽的功耗为 3.68～5.44kW。综上所述，机具在作业状态下，要一次性完成拨禾、切割、压扁和输送铺放一整套工作过程，为满足割草压扁机的技术指标和适宜的拨草速度、切割速度和压扁速度，首先要确定合理的切割主轴转速和传动比。与之配套的动力由拖拉机提供，选择拖拉机动力输出轴转速 $n_r = 540\text{r/min}$，功率 $P \geqslant 35\text{kW}$。

第二节　打捆过程中各环节的功耗

外缠绕式圆捆机以其结构较简单、收获损失小以及对高水分打捆适应性好等特点，在打捆方面获得了广泛的应用。但也存在着打捆功率峰值较大的问题。对此，国外学者主要针对不同类型、规格的圆捆机的打捆功耗进行了对比研究，得到了可变成型室与固定成型室打捆机的功耗曲线。与此相关的研究还包括对圆捆成形过程中的成型室对草捆的压力研究，草捆成形过程中的物理参数、力学性质及流变模型的研究。此外，国内学者还对圆捆机的喂料压力角对功耗及打捆效率的影响进行了初步研究。这些研究为深入研究圆捆机的打捆能耗和效率提供了条件。本节则是介绍在相同工作任务下，利用扭矩传感器、数据采集器和计算机测定不同的机具参数设置、物料条件以及操作参数条件下的打捆功耗及效率，并对影响打捆功耗和效率的因素及水平进行分析研究。

一、材料及方法

1. 试验设备

试验测试装置如图 3.1 所示，主要由拖拉机、测试装置、联轴器及辊杠式打捆机组成。主要测试仪器和设备有：JN338-2000A 直连式转矩转速传感器［（扭矩量程 2 000N.m，转速量程 2 500r/min，转矩误差±（0.1%～0.2%）］，JN-338 转矩转速测量仪，计算机，地磅秤，烘箱等。试验装置除了测试仪器外还包括一个带有梯形槽的平台、成对设置的双排滚子链联轴器、直角形支座、万向联轴器以及轴承座等。

试验在固定的场地上进行，打捆机的牵引杆挂接在拖拉机的挂接头上，拖拉机的动力输出轴通过一个万向联轴器联接至测试装置一端的双排滚子链联轴器内孔，测试装置的另一端的双排滚子链联轴器内孔与打捆机的花键轴联接。拖拉机提供测试所需的扭矩和转速。测试装置采集的扭矩和转速由

JN338-2000A 直连式转矩转速传感器通过 JN-338 转矩转速测量仪显示，并通过 RS232 接口与计算机的串口连接，将采集的数据传输并保存至计算机。

图 3.1　试验装置

2. 试验材料及试验参数

试验材料选取用于打捆裹膜青贮的玉米秸秆和苜蓿。文献研究结果表明，影响打捆功耗及作业效率的因素包括：物料条件、打捆结构设置和操作参数。因此，本试验的目的是完成相同工作量条件下，以不同的物料含水率、喂料压力角和辊杠线速度为试验因素，研究它们对打捆能耗及效率的影响。这里的相同工作量指的是针对某种类型的物料其每个草捆所含的干物质相同。

3. 不同含水率的物料的制备

试验选用平均含水率分别为 70%，60% 的苜蓿和青玉米秸秆进行试验。具体制备方法为：取部分样品用烘箱测得其含水率，依据初始含水率推算出物料达到试验目标含水率时的重量，将试验物料放置在地磅上晾至目标含水率时的重量进行试验。

首先获得新鲜的高含水率物料，在新鲜物料中均匀取样，取样总量应不少于 25 个完整茎秆并不少于 1 000g，采用文献中的常压恒温干燥法测定初始含水率 H_0（湿基）。

$$H_0 = \frac{W_a - W_g}{W_a} \times 100\% \qquad \text{式 (3.12)}$$

式中：W_a 为样本物料干燥前的质量；

W_g 为样本物料干燥后的质量。

依据公式（3.12）测得苜蓿样本的初始含水率为 76.28%，青玉米秸秆的初始含水率为 78.33%。

进而测定样品的去空隙体积 V_0。得到物料的去空隙密度

$$\rho_0 = \frac{W_a}{V_0} \qquad \text{式 (3.13)}$$

实际测得：苜蓿的去空隙密度为 832kg/m³；青玉米秸秆的去空隙密度为 859kg/m³。

由于打捆结束后每个草捆的体积 V_{bale} 为定值，假设打捆物料在含水率为 x 时，所制成草捆的干物质量为 M_g，可得到打捆作业时需要含水率为 x 的物料重量 $M_{(x)}$ 的表达式为：

$$M_{(x)} = \frac{M_g}{(1 - x)} \qquad \text{式 (3.14)}$$

该草捆的体积密度可表示为：

$$\rho_{(x)} = \frac{M_{(x)}}{V_{bale}} = \frac{M_g}{(1 - x)\,V_{bale}} \qquad \text{式 (3.15)}$$

完成该草捆所需要的新鲜物料的重量 $M_{(x)}^0$ 可表示为：

$$M_{(x)}^0 = \frac{M_g}{(1 - H_0)} \qquad \text{式 (3.16)}$$

保证公式（3.15）得出的草捆密度符合青贮工艺要求的前提下，依据公式（3.16）算出相同干物质量条件下，各个目标含水率草捆所需要的新鲜物料重量，并将该新鲜物料放置在地磅上晾至公式（3.14）所示的目标含水率重量时进行试验。对于因试验持续数天造成的物料含水率偏差，可通过喷水处理得到所需的含水率。

4. 辊杠线速度的设定

外缠绕式圆捆机的压捆部件的线速度范围为 1.3～2.3m/s。对于外缠绕式圆捆机中的辊杠式圆捆机而言，其部分传动机构润滑条件较差。因此，构成成捆室的一系列辊杠的线速度设计范围为 1.3～2.1m/s。试验选取辊杠线速度分别为 1.6m/s、1.9m/s 进行试验。依据打捆机的传动比设计，上述线速度分

别对应挂接的拖拉机动力输出轴转速为 555r/min、650r/min。由于打捆作业过程中，随着负载的加大，稳定油门下的动力输出轴转速会降低，因此在打捆过程中需要根据测试系统显示的转速值对油门进行调整，保证拖拉机动力输出轴的转速变化范围不超过±5%。

5. 喂料速度及打捆耗时的确定

打捆预试验表明打捆所需的时间一般不少于 240s，因此，设定打捆的基准时长 T_0 为 240s，依据基准时长和打捆需要的物料重量 $M_{(x)}$ 确定物料的喂入速度 $V_{(x)}$ 可表示为：

$$V_{(x)} = \frac{M_{(x)}}{T_0} \qquad 式（3.17）$$

当打捆作业能够以基准时长完成则把基准时长记为打捆耗时。当打捆过程中因物料喂入拥塞等原因造成打捆耗时大于基准时长时，则以实际消耗的时间 T_{end} 记为打捆耗时。

6. 试验方法

试验时，首先将打捆机、测试系统以及拖拉机后输出轴通过万向联轴器联接在一起，将拖拉机的动力输出轴和发动机分离。然后发动拖拉机，并结合动力输出轴和发动机，驱动打捆机空转，待液压系统和机械系统稳定后，依次开启测试仪器和物料输送带。依据测试仪表显示的拖拉机动力输出轴转速进行调整。当拖拉机动力输出轴转速调整至所需转速时，稳定油门，然后将物料按照设定的喂入速度铺放在输送带上进行喂料，并以物料进入打捆机的时刻作为打捆开始时间进行计时。物料打捆过程中，扭矩转速传感器将实时的动力输出轴的扭矩 $M(t)$ 和转速 $\omega(t)$ 信息传递至数据采集系统，采集系统将这些信号传输给计算机进行储存。得到实时的功率消耗 $P(t)$ 为：

$$P(t) = M(t) \cdot \omega(t) \qquad 式（3.18）$$

进而得到打捆能耗 W：

$$W = \begin{cases} \int_0^{240} M_{(t)} \cdot \omega_{(t)} \mathrm{d}(t) & 0s \leqslant t \leqslant 240s \\ \int_0^{T_{end}} M_{(t)} \cdot \omega_{(t)} \mathrm{d}(t) & t \geqslant 240s \end{cases} \qquad 式（3.19）$$

以含水率、物料类型、辊杠线速度和喂料压力角作为试验因素，选用 $L_8(2^7)$ 正交试验表安排试验。文献研究结果表明由于物料的含水率不同导致其摩擦系数也会发生变化，进而对喂料平顺性和喂料压力角产生影响。考虑上述因素之间的交互作用对试验指标的影响无法确定，安排了 2 个交互列进行初步分析，试验的表头设计如表3.1所示。

表3.1　正交试验表头设计

水平	因素					
	物料含水率A (%)	压力角B (°)	A×B	辊杠线速度C (m/s)	物料类型D	B×C
1	70	15		1.9	青玉米秸秆	
2	60	0		1.6	苜蓿	

二、试验结果与分析

1. 功率曲线特点

按正交表规定的方案进行试验，对试验测得数据进行统计，得到各试验序号的打捆功耗的时域曲线。功耗曲线如图3.2所示。曲线参数如表3.2所示。由图3.2和表3.2可以看出，功耗曲线分为以下3种类型。

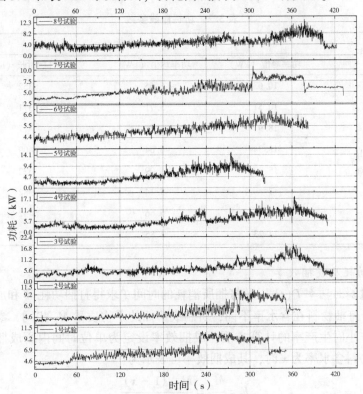

图3.2　打捆功耗的时域曲线

以（1）（2）（7）号试验为代表的斜坡凸台型。该类型曲线的特点是打捆初期和中期的功耗均匀缓慢上升，打捆后期功耗突然升高一个台阶，当草捆即将完成时功耗又突然下降至一个较稳定的水平。该类型曲线中（1）（2）号试验打捆所用的时间较短，虽然提高了效率，但凸台处的功率突然成倍增加，必然造成机具工作可靠性降低，因此，在生产中应尽量避免。

以（5）（6）号试验为代表的缓坡单峰型。该类型曲线的特点是打捆功耗缓慢上升，在打捆后期形成一个峰值，而后逐步下降。该类型曲线中瞬时功率变化平稳，打捆时间较短，为较优的选项。

以（3）（4）（8）号试验为代表的缓坡多峰型。该类型曲线的特点是打捆过程中出现至少两个以上峰值，而且峰值随打捆过程逐步增高。这种类型的功率曲线都发生在打捆耗时较长的试验序号中。这进一步说明，喂料压力角为0°增大了喂料障碍和瞬时功率的波动，进而延长了打捆作业时间。

表3.2　功耗曲线参数

试验序号	曲线参数		
	功率峰值（kW）	功率均值（kW）	打捆时长（h）
1	10.63	6.65	352
2	10.51	5.71	371
3	18.91	6.56	417
4	18.34	6.04	409
5	15.27	5.09	322
6	7	5.14	382
7	10.76	5.66	432
8	13.23	4.85	422

2. 功耗及成捆效率

通过瞬时功率 $P(t)$ 以及打捆所消耗的时间 T 求得打捆功耗 W 和成捆效率 E。由于打捆物料含水率不同，所制成草捆的干物质量 M_g 相同，参考标准中纯工作小时生产率的计算方法，成捆效率设定为单位时间内所成捆的干物质量。物料含水率为 x 时，其成捆效率可表示为：

$$E = \frac{M_g}{T} = \frac{M_{(x)}(1-x)}{T} \qquad 式（3.20）$$

依据公式（3.20）得到各试验序号的打捆能耗 W 和单位时间内所成的干物质量成捆效率 E。试验方案与结果如表3.3所示。

表3.3 试验方案与结果

试验序号		A	B	A×B	C	D	B×C	误差 e	打捆功耗 W/(kW·h)	成捆效率E (kg/h)
1		1	1	1	1	1	1	1	0.65	1 177
2		1	1	1	2	2	2	2	0.59	1 115
3		1	2	2	1	1	2	2	0.76	994
4		1	2	2	2	2	1	1	0.69	1 013
5		2	1	2	1	2	1	2	0.46	1 286
6		2	1	2	2	1	2	1	0.55	1 083
7		2	2	1	1	2	2	1	0.68	958
8		2	2	1	2	1	1	2	0.57	980
打捆功耗	K_1	2.69	2.25	2.46	2.55	2.53	2.37	2.57		
	K_2	2.26	2.7	2.49	2.4	2.42	2.58	2.38		
	R	0.43	0.45	0.03	0.15	0.11	0.21	0.19		
成捆效率	K_1	4 299	4 661	4 230	4 415	4 234	4 456	4 231		
	K_2	4 307	3 945	4 376	4 191	4 372	4 150	4 375		
	R	8	716	146	224	138	306	144		

3. 结果分析

（1）影响打捆功耗的因素分析。对表3.3中功耗的试验结果进行方差分析，区分各因素水平对试验结果的影响。根据试验的水平及空白列数可知各因素、交互作用及误差的自由度为1，它们各自的均方 $\overline{S^2}$ 与离差平方和 S^2 相等。根据表3.3中各列的极差可得，$\overline{S_{A \times B}^2} < \overline{S_e^2}$，$\overline{S_C^2} < \overline{S_e^2}$，$\overline{S_D^2} < \overline{S_e^2}$。这表明因素 C，D 和交互影响 $A \times B$ 对试验结果的影响较小，可将它们归入误差列，得到新误差的自由度 f_e、离差平方和 $S_e^{2\Delta}$ 及均方。再对剩余因素进行方差分析和 F 值计算，得到方差分析结果如表3.4所示。

表 3.4　功耗的方差分析结果

因素	自由度	离差平方和	均方	F 值
含水率 A	1	0.023 1	0.023 1	10.5
压力角 B	1	0.025 3	0.025 3	11.5
交互作用 B×C	1	0.005 5	0.005 5	2.5
误差 e	4	0.008 9	0.002 2	
总和	7	0.062 8		

表 3.4 中各因素的 F 值与临界值 $F_{0.05}(1, 4) = 7.71$ 进行比较可以看出，因素 A、因素 B 对功耗的影响显著，交互作用 B×C 对功耗的影响不显著。综合上述各表可以看出，机具参数喂料压力角对打捆能耗的影响最大，物料参数含水率对能耗的影响次之，物料类型为玉米秸秆或苜蓿以及辊杠线速度差异对打捆能耗的影响很小。物料含水率与喂料压力角之间的交互作用对打捆能耗几乎没有影响，喂料压力角与辊杠线速度之间的交互作用对打捆能耗有较小的影响，但是影响不显著。从降低能耗的角度考虑，打捆作业应选择以15°的喂料压力角对含水率 60% 的物料进行打捆能耗最低。

（2）影响成捆效率的因素分析。对表 3.3 中成捆效率的试验结果按前述方法进行方差分析。得到，$\overline{S_A^2} < \overline{S_e^2}$，$\overline{S_D^2} < \overline{S_e^2}$。这表明因素 A、因素 D 对试验结果的影响较小，可将它们归入误差列，得到成捆效率的方差分析结果如表 3.5 所示。

表 3.5　成捆效率的方差分析结果

因素	自由度	离差平方和	均方	F 值
压力角 B	1	64 082	64 082	38.6
交互作用 A×B	1	2 664.5	2 664.5	1.6
辊杠线速度 C	1	6 272	6 272	3.78
交互作用 B×C	1	11 704.5	11 704.5	7.05
误差 e	3	4 980.5	1 660	
总和	7	89 703.5		

表 3.5 中各因素的 F 值与临界值 $F_{0.05}(1, 3) = 10.1$ 进行比较可以看出，因素 B 对成捆效率的影响非常显著，交互作用 B×C 影响比较显著，交互作用 A×B、辊杠线速度 C 对成捆效率的影响不显著。由于交互作用 B×C 影响显著，

所以因素 B、因素 C 的水平搭配需要进一步确定。建立因素 B、因素 C 的水平搭配表如表 3.6 所示。由表 3.6 可知，获得最大成捆效率的优选组合为 B_1C_1。

表 3.6 因素 B、因素 C 的水平搭配表

因素水平	B_1	B_2
C_1	1 231.5	976
C_2	1 099	996.5

综合表 3.5、表 3.6 可以看出，喂料压力角对成捆效率的影响最大，喂料压力角与辊杠线速度的交互作用对成捆效率也有一定的影响，其他因素及交互作用对成捆效率的影响很小。其中，物料含水率对成捆效率的影响几乎可以忽略。从生产率的角度考虑，机具以 15°的喂料压力角配合 1.9m/s 的辊杠线速度进行打捆的效率最高。

（3）各因素对能耗及成捆效率的综合影响。通过上述试验结果可以看出，喂料压力角是影响作业能耗和成捆效率的最大因素，而且最优水平都是选择 15°的喂料压力角，既可以节约能耗，还可以提高效率。物料含水率对能耗影响也很大，但喂料压力角与物料含水率的交互作用对能耗和效率的影响都很小。物料含水率对于以干物量计量的成捆效率几乎没有影响，这表明青贮打捆在满足青贮工艺要求的前提下，选择较低的含水率打捆，既可以节约能耗，也不会降低效率。物料含水率对成捆效率几乎没有影响也说明，对不同含水率物料的打捆作业而言，以"每个草捆所含的干物质量相同"作为标准是较好的衡量指标。

试验结果表明辊杠线速度与喂料压力角之间交互作用对成捆效率的影响也较大。在目前采用的两个水平下，辊杠线速度对能耗和生产效率影响都不大，采用 1.9m/s 的线速度为优选水平。对于打捆物料而言，选择玉米秸秆或苜蓿对能耗和效率的影响都很小。

分析结果表明，上述因素水平条件下，降低能耗与提高生产效率并不矛盾，只是不同的因素对不同指标的影响程度不同。采用 15°的喂料压力角，1.9m/s 的辊杠线速度对含水率为 60%的苜蓿或玉米秸秆打捆可获得最高的效率和最低的能耗。结合图 3.2 的功耗曲线，这种优选组合对应的曲线为缓坡单峰型，瞬时功率变化平稳，也为优选项。

第三节　优化模型与参数定义

为了得到机具的合理作业参数，本节针对机具的各项设计参数建立了多目标优化模型，并针对不同的使用者设定不同的作业参数进行优化，通过优化计算和结果分析得到了较佳的作业效率对应的经济功耗和无故障工作时间。

一、优化模型与参数定义

通过前面章节中对机具关键部件的参数设计和优化可以得出：机具的重量可以为变量，能够在一定的设计范围内增加或减小；薄弱环节的使用寿命由使用强度决定，所以机具的寿命随着使用强度的变化而变化；机具的功耗与使用强度和整机质量都有着直接关系。

为了能够使机具发挥最大的使用效益，通常有两种手段：第一是提高机具的技术水平，从而直接获得较好的投入和产出比；第二是对作业过程进行合理的计划与控制，合理地组织生产并配置资源。前述章节从技术层面合理地设计了机具的关键参数，优化了机具的重量、响应频率和无故障工作时间。本章将从使用者的角度对机具的作业参数进行优化，从而满足不同使用者的要求。

对机具的使用者而言，不同使用者优选的使用目标会有所差异，对选择方案的评价可能是基于不同的变量，因此单目标优化的方法已经不能满足要求，需要引入多目标优化进行求解。在本书中假定使用者在不同作业环境和使用条件下的目标有以下这些：一是要求机具的作业效率优先考虑，作业能耗次之，无故障工作时间能够达到一个完整的作业季节即可满足要求；二是作业效率和作业能耗平衡考虑；三是优先考虑作业能耗。针对以上需求分别建立作业效率和作业能耗的目标函数。针对上述同类问题，本书在参考现有优化理论的基础上，根据前述章节的分析结果，建立目标函数、设计变量和约束条件的多目标优化模型。

目标函数，机具的功率消耗包括：拨草功耗、割草功耗、牵引功耗、压扁功耗和空载功耗。假设整体功耗 $f_{(1)}$ 为因变量，作业前进速度 x_1、机具自重 x_2 为自变量，得到整体功耗的表达式为：

$$f_{(1)} = (2.4 \times 300)\, x_1 + 4500 x_1 + 0.3 x_2 x_1^2 + 2.4 \times 80 \times 2.5 + x_2 \frac{x_1}{15} + P_0(W)$$

式 (3.21)

假设机具的无故障工作时间为另一个目标函数，由于机具各部件为串联设计而且没有冗余机构，因此可以由机具薄弱环节的使用寿命等价为其无故障工作时间。已知割台的摆动频率，将浮动割台的循环次数转化为时间，假设无故障工作时间 $f_{(2)}$ 为因变量，可得无故障工作时间的函数表达式为：

$$f_{(2)} = \mathrm{Exp}(14.71 - 14.98 \times \mathrm{Ln}(\Delta F)/\Delta F + 9.41 \times \mathrm{Ln}(\Delta F)/\Delta F^2)$$

式（3.22）

其中，自变量 ΔF 为新的负载与原负载的比值，假设前进速度变化后的未知阻力为 Fx，原阻力 $F_0 \approx 960\mathrm{N}$ 为已知参数，可得：

$$\Delta F = \frac{F_x}{F_0}$$

式（3.23）

根据能量守恒定理可得：

$$F_x \mathrm{v}_1 = \mathrm{BL}_0 x_1$$

式（3.24）

式中，$\mathrm{v}_1 = 2.25\mathrm{m/s}$ 为割刀平均速度。

将式（3.23）代入式（3.24）得到：

$$\Delta F = \frac{F_x}{F_0} = \frac{\mathrm{BL}_0 x_1}{\mathrm{v}_1 F_0} = \frac{2.4 \times 300 x_1}{960 \times 2.25} = 0.33 x_1$$

式（3.25）

将上式代入式（3.22），再将循环次数转换为时间，得到无故障工作时间与机具的前进速度 x_1 之间的函数表达式：

$$f_{(2)} = \mathrm{Exp}(14.71 - \frac{14.98 \times \mathrm{Ln}(0.33 x_1)}{0.33 x_1} + \frac{9.41 \times \mathrm{Ln}(0.33 x_1)}{0.33 x_1})/495\,000(\mathrm{h})$$

（3.26）

定义机具作业效率为单位时间内收获的牧草面积，由于作业幅宽为定值，以机具的作业效率 $f_{(3)}$ 为因变量，作业前进速度 x_1 为自变量，得到作业效率关于前进速度的函数为：

$$f_{(3)} = 2.4 \times 3\,600 x_1 (\mathrm{m}^2/\mathrm{h})$$

式（3.27）

自变量 x_1 的取值范围为 $x_1 \in [1.6,\ 4.2]$

因变量 x_2 的取值范围为 $x_2 \in [1\,400,\ 2\,200]$

二、多目标优化模型的求解

解决上述多目标优化问题，需要根据不同使用者的不同要求选取适当的算法，进行求解。由于各目标函数的量纲不同，需要对每个目标函数进行无量纲化处理。假设原目标函数的绝对值的最大值为 $|\mathrm{max}f_{(i)}|$，原目标函数为

$f_{(i)}$，令新的目标函数 $\hat{f}_{(i)}$ 表示为：

$$\hat{f}_{(i)} = \frac{f_{(i)}}{|\max f_{(i)}|} \qquad 式（3.28）$$

目标函数 $f_{(1)}$ 为关于两个自变量的增函数，当 $x_1 = 4.2$，$x_2 = 2\,200$ 时目标函数取最大值 $\max f_{(1)} = 40\,382.4$。同样道理得到目标函数 $\max f_{(2)} = 4\,167$，$\max f_{(3)} = 36\,288$。利用公式可得到无量纲化后的三个目标函数为：

$$\begin{cases} \hat{f}_{(1)} = \dfrac{f_{(1)}}{40\,382} \\[2mm] \hat{f}_{(2)} = \dfrac{f_{(2)}}{4\,167.4} \\[2mm] \hat{f}_{(3)} = \dfrac{f_{(3)}}{36\,288} \end{cases} \qquad 式（3.29）$$

求解多目标函数的方法主要有线性加权法、极大极小法、理想点法等。其中，理想点法及其改进推广方法是一种常用方法，应用比较广泛。所谓理想点就是指单个目标函数的最优值，理想点法的基本原理是将多目标优化问题转化为目标函数向量与理想点之间的距离和最小化问题。这种方法不用考虑对目标函数进行极小化或者极大化处理，而是希望在约束条件限制下，每个目标都能尽量接近事先给定的目标值。

由于单个目标函数的最优值既有最大值也有最小值，文章采用改进的理想点法进行求解，主要包括以下步骤。

（1）求单个目标函数的最优值（理想点）。得到最优值 $f_{(1)}{}^* = \min f_{(1)} = 15\,776.5$，对应的变量值 $x_1 = 1.6$，$x_2 = 1\,400$。

得到最优值 $f_{(2)}{}^* = \max f_{(2)} = 4\,167.4$，对应的变量值 $x_1 = 1.6$。

得到最优值 $f_{(3)}{}^* = \max f_{(3)} = 36\,288$，对应的变量值 $x_1 = 4.2$。

（2）设定评价函数。设定评价函数的形式为：

$$F_{\min} = \sqrt{\left(\hat{f}_{(1)} - \frac{f_{(1)}{}^*}{|\max f_{(1)}|}\right)^2 + \left(\hat{f}_{(2)} - \frac{f_{(2)}{}^*}{|\max f_{(2)}|}\right)^2 + \left(\hat{f}_{(3)} - \frac{f_{(3)}{}^*}{|\max f_{(3)}|}\right)^2}$$

$$式（3.30）$$

（3）采用遗传算法对上式进行求解，经迭代 2\,325 步后达到收敛判定标准，得到目标函数的最小值为 0.82。

式中：自变量 $x_1 = 1.69$，$x_2 = 2\,083$；

目标函数 $f_{(1)} = 17\,031$（W）；

$f_{(2)} = 1\ 706$（h）；

$f_{(3)} = 14\ 590$（m^2）。

三、优化结果分析

根据结果数据得到，机具的功耗$f_{(1)}$与无故障使用使用时间$f_{(2)}$之间的关系如图3.3所示。由图3.3中显示的曲面最小值可以看出，若优先考虑功耗与无故障使用时间，则最佳的功耗为17kW对应最佳的无故障工作时间1 500h左右。

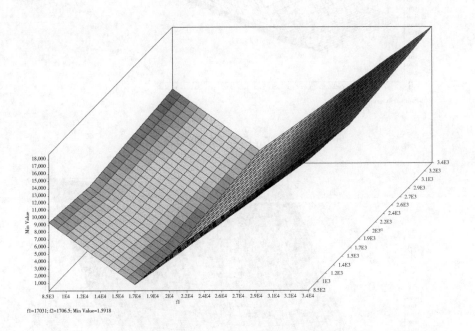

图3.3 $f_{(1)}$与$f_{(2)}$之间的关系图

机具的功耗$f_{(1)}$与作业效率$f_{(3)}$之间的关系如图3.4所示。由图3.4中显示的曲面最小值可以看出，若优先考虑功耗与机具的作业效率，则最佳的功耗为17kW对应最佳的作业效率为每小时18 000m^{2}左右。

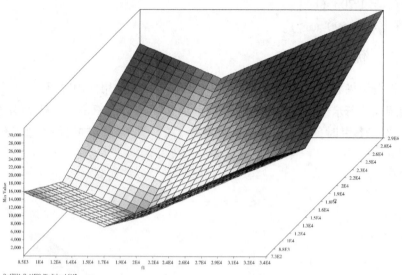

图 3.4　$f_{(1)}$ 与 $f_{(3)}$ 之间的关系图

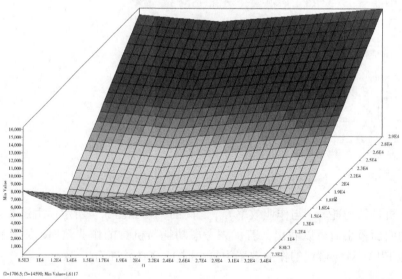

图 3.5　$f_{(2)}$ 与 $f_{(3)}$ 之间的关系图

机具的无故障工作时间$f_{(2)}$与作业效率$f_{(3)}$之间的关系如图 3.5 所示。由图中显示的曲面最小值可以看出，若优先考无故障作业时间与机具的作业效率，则最佳的无故障工作时间 1 700h 对应最佳的作业效率为每小时 16 000m²左右。在实际作业过程中，由于使用者对各个目标的要求主次不同，因此可以对单个目标函数赋予不同的加权系数进行求解，这样可以使优化模型得到更广的运用范围。

第四章　苜蓿收获调制机械设计

第一节　收获调制装备的分类

割草调制机按调制部件不同，可分为压辊式和连枷式。按照割台型式不同，可分为往复割台和旋转割台。按照与动力的挂接形式可分为牵引式、悬挂式和自走式。

一、牵引式往复割草调制机

1. 工作过程

牵引式往复割草压扁机的工作过程如图4.1。作业时，割草压扁机在拖拉机的牵引下前进，动力由拖拉机动力输出轴或液压系统提供。机组前进时，苜蓿在推草杆的作用下，植株向前倾斜。拨禾轮的弹齿拨动苜蓿导向割台。苜蓿被割台割断后，被拨禾轮沿割台后侧斜面甩向压扁辊。苜蓿经两个相互啮合的压扁辊调制后抛向集草板，落地后形成整齐蓬松的草条。草条的宽度和厚度由集草板和挡草板调节。当不需要形成草条时，也可以将调制后的饲草均匀地平撒在地面割茬上。

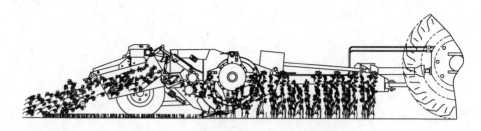

图4.1　往复式割草调制机工作过程简图

2. 总体结构和特点

以9GBQ-3.0型牧草切割压扁机为例介绍侧牵引往复式割草压扁机的结构和功能。该机由中国农业机械化科学研究院呼和浩特分院研制，内蒙古华德牧草机械有限责任公司生产，适用于收获高产、多水分的种植饲草。

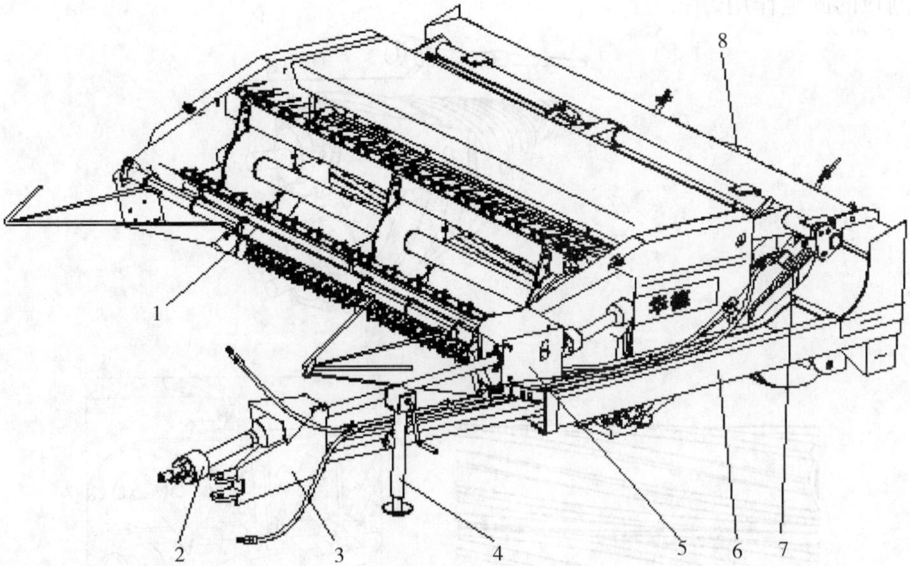

1. 割台　2. 传动轴　3. 牵引架　4. 支架　5. 传动系统　6. 机架　7. 悬挂系统　8. 集条器

图 4.2　9GBQ-3.0 牧草切割压扁机总体结构示意图

9GBQ-3.0 型牧草切割压扁机主要由牵引架、机架、割台总成、传动系统、液压系统、集草板和行走轮等部分组成（图 4.2）。9GBQ-3.0 型牧草切割压扁机的割台由割台、推草杆、拨禾轮、分草器、滑掌和压扁器组成，是机器的核心系统。割台通过上下拉杆和悬挂弹簧与机架连接。机架、行走轮架和起落油缸构成起落三角形。割台、上拉杆、下拉杆和机架构成仿形四边形。起落三角形和仿形四边形构成起落仿形机构。当机器处于工作状态时，起落油缸缩短，割台处于下限位置，割台通过仿形四边形随地面浮动。当机器转为运输状态时，起落油缸伸长，机架被抬起，机架抬起的同时下拉杆将割台支起。割台采用国家标准 I 型割台。割刀通过曲柄摆杆机构驱动做往复运动。

在割台的上方安装有拨禾轮。拨禾轮上装有拨禾弹齿，它们能抓取、梳理并拨送饲草，使饲草利于切割，并进一步将割后草向压扁辊输送。拨禾轮的高低、前后位置以及弹齿的运动轨迹均可调节，以适应收割不同类型的饲草并提高输送能力。由于拨禾轮的主要作用是拨送饲草，其弹齿与割台的距离较小，一般为 10~15 cm。拨禾轮通过链条、皮带驱动。推草杆的高度有较

大的调节范围，一般调至植株高度的 2/3 为宜。推草杆同时还起到割台左右
侧板的固定作用。

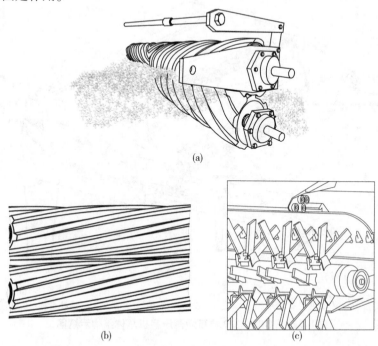

（a）

（b）   （c）

（a）橡胶-橡胶压扁辊　（b）橡胶-钢压扁辊　（c）指杆式调制器

图 4.3　调制机构型式示意图

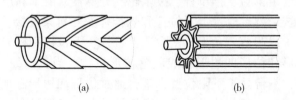

（a）   （b）

（a）人字凸纹胶辊　（b）直齿钢辊

图 4.4　压扁辊常见形式

调制机构可选用压辊式或指杆式。压辊式调制机［图 4.3（a）（b）］主要
用于豆科饲草，通过挤压使饲草茎秆折弯开裂。指杆式调制器［图 4.3（c）］
主要用于禾本科饲草，通过指杆的梳刷划破牧草茎秆表皮蜡质。指杆结构有直
杆和 V 形指杆等形式，材质一般为钢或尼龙。压扁辊的材质有橡胶和钢制两种
（图 4.4）。压扁辊有两种组合形式，一种是一个光辊和一个齿辊组合，主要起

压扁作业；另一种是一对齿辊组合，同时具有压扁和折弯功能。9GBQ-3.0型牧草切割压扁机的压扁辊由一对带人字形间隔凸纹的宽幅橡胶压辊构成，具有较强的抓取、折压能力。通过一对压扁辊的相对运动，可以高效、柔和地折弯、压扁饲草茎秆，并抛向集草板，形成蓬松而又相互交织的草条。

9GBQ-3.0型牧草切割压扁机的传动系统包括万向节传动、齿轮传动、皮带传动、链条传动、曲柄摆杆传动等，分别驱动压扁辊、拨禾轮和割台。

3. 往复式割草压扁机的调节机构

仍以9GBQ-3.0型牧草切割压扁机为例介绍往复式割草压扁机的调节。在作业过程中，必须正确操作和调整机器，以达到机器性能指标，保证作业质量，实现农技要求。

调节安全离合器　机器在正常负荷作业时，发现离合器滑动或离合器磨损后也需要调节。离合器太松机器动力不足，太紧则起不到安全作用，对于9GBQ-3.0而言，一般情况下离合器弹簧调到39mm为宜。

仿形滑掌接地压力的调节　调节浮动弹簧的工作拉力来调节仿形滑掌的接地压力。调节时通过调节弹簧拉杆的长度未实现。调节后左右滑掌的对地压力应一致。滑掌接地压力一般为314~441N。

割台的调节　割台技术状态正常与否，对切割压扁机作业质量和功率消耗影响明显。因此在机器作业时，应注意检查调节割台，保持良好的技术状态。割台调整参阅往复式割草机割台的调整。改变割台与滑掌的安装位置可以控制割茬高度。为适应不同饲草生长状态和地表情况，应调节割台的前倾角度。割台前倾角度调节参见表4.1。

表4.1　割台角度调节参考

割台角度	适宜的收获条件
-100°	用于平坦无石地形，适宜收获倒伏严重或要求低割茬的饲草
-80°	适用于一般收获条件
-60°~-40°	用于多石和不平地段

二、中央牵引式往复割草调制机

中央牵引式往复割草调制机具有机动性和田间操作控制性好、可适应各类地形作业等优点。目前国际市场上的此类机具多采用液压和电子调节控制。割台配置有单搅龙或双搅龙输送机构，割台采用单动刀或双动刀结构。调制器可选配压棍式或指杆式。牵引臂较长，牵引点位于机器顶部中央。机器动力由拖拉机液压系统或动力输出轴经联轴器提供。该类机型以 John Deere、Hesston、New holland 等公司的产品为代表。中央牵引式往复割草调制机整机结构由牵引架、导向机构、行走轮、仿形机构、液压动力输出机构、割台组成。割台包括：割台、拨禾轮、输送搅拢、压扁器及传动系统等。压扁器由一对橡胶辊组成，压辊间隙和压力均可方便地调节，压扁器安全机构能保证压辊遇到异物时迅速分离，避免设备损坏。

三、牵引式旋转割草调制机

牵引式旋转式割草调制机有牵引式、悬挂式及多联组合悬挂式等多种形式。德国、法国、意大利等欧洲国家使用悬挂式旋转割草调制机较多。旋转式割草调制机适用于密植高产饲草的收获作业。大功率多联组合悬挂、液压和电子控制技术的应用成为大型旋转式割草调制机的发展趋势。

牵引式旋转割草调制机有压扁和指杆调制两种，牵引式旋转割草调制机主要结构包括牵引架、机架、行走轮、切割装置、调制器（指杆式或压辊式）、传动系统和仿形调整机构等。割台可通过液压和弹簧实现垂直及水平方向浮动。作业时，盘式割台高速切割饲草，割后草进入压扁器或指杆调制器进行调制，调制后的饲草经挡草板形成整齐蓬松的草条。旋转式割草调制机的调制器可选配压辊式或指杆式。指杆式调制机构有 V 形指杆和摆锤式指杆等，传动和调节较压扁辊简单。挡草器通过机械或液压机构改变挡草器角度和开度可调节草条宽度和草条抛送高度。牵引式旋转割草调制机通常采用宽幅低压轮胎，可以减少对地面压力并较好地保护作物根茬，同时在潮湿地面也能保持良好的通过性能。

中央牵引式旋转割草调制机工作原理和主要结构与普通牵引式基本相同。中央牵引式机型牵引架一般高出割草调制机与机架铰接，牵引点在割草调制机的中后部，使机组的作业机动性、通过性更好。中央牵引式机型割幅一般都在 3.5m 以上，最大可达 5m，配套动力在 100kW 左右。因牵引臂较长，动力输出轴多采用多级联轴器输出或液压动力输出。国外比较先进的机型其自动化、数字化程度较高，割台及调制器的调整和控制、转向控制等操作均可在驾驶室内通过电子操控及显示系统完成。具有代表性的机型有法国 KUHN 的 ALLTENA500、John Deere800 系列和 956、New Holland1442 等产品。某些较大割幅的调制机在机器两侧均装有驱动装置，分别从两端驱动割台工作，以减小齿轮的扭力和磨损，并保证动力的有效传输。

四、悬挂式旋转割草调制机

悬挂式旋转割草调制机是目前欧洲应用较为广泛的机型。有前悬挂、后悬挂和侧悬挂，以及多机组合悬挂等形式。割台多为盘式（下传动），也有滚筒式（上传动）。割台由液压控制，配有气液浮动仿形装置。调制器可根据用户需求选配压辊式或指杆式。

1. 前悬挂旋转割草调制机

前悬挂式割草调制机主要由悬挂架、机架、传动系统、割台、液压调节系统等部分组成，工作割宽一般在2.8~3.2m，切割调制后的饲草经挡草器辅放于拖拉机两轮之间。前悬挂割草调制机通常用平行四连杆机构或球形仿形联接器悬挂于拖拉机前端（图4.5）。前悬挂式旋转割草调制机的特点是视野好，操作灵活，可直接进入草场工作无需考虑拖拉机压草的问题。前悬挂旋转割草调制机既可单机作业，也可与侧悬挂、后悬挂及牵引式割草调制机配套作业。

整机结构及工作过程。机结构如图4.5所示，该机由球型联接前悬挂架、动力传动系统、液压调节系统、割台总成和调制器等组成。工作时，饲草被切割后，由滚筒抛送到指杆式调制器进行调制，调制后饲草由挡草轮在拖拉机轮间形成均匀蓬松的草条。

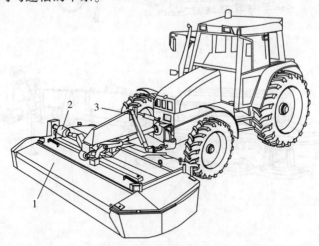

1. 割台　2. 传动系统　3. 悬挂架

图4.5　前悬挂式滚筒割草调制机结构示意图

前悬挂架由与拖拉机挂接的三角架、球型连接器和连接杆、中央可伸缩液压吊杆和中心浮动弹簧等组成。中央可伸缩吊杆可调节割台仰角和割茬高度，球形联接器和浮动弹簧保证了割台在横向和纵向的稳定性和仿形性，其最大自由度为6°。与主轴箱连接的电子控制液压油缸和缓冲储气罐共同控制割台接地压力，割台接地压力在 70~100kg 的范围内。该机仿形平稳，越过土丘或运输时割台无摆动。

2. **后悬挂旋转割草调制机**

后悬挂式旋转割草调制机结构相对简单，操作灵活，机动性好，对地块适应性较强，可在田边或河堤等倾斜地块作业。这类机具一般配有液压升降和安全后摆装置，割幅 3m 以上的机具还设有气液一体化仿形装置。这类机具既可单机作业，也可与侧牵引机组多联组合作业。割台多采用锥齿轮箱传动，刀盘采用密封式锥齿轮或随动星型齿轮驱动。调制器可依作业需要选配压辊式或指杆式，压辊式调制器常采用链轮传动，压力和间隙采用扭力杆螺栓或液压油缸调整。挡草器为板式或轮式。

后悬挂式旋转割草调制机由悬挂架、动力及液压输出系统、传动及控制系统、割台等组成，见图 4.6。割台由割台、调制器、挡草器、安全护帘等组成。

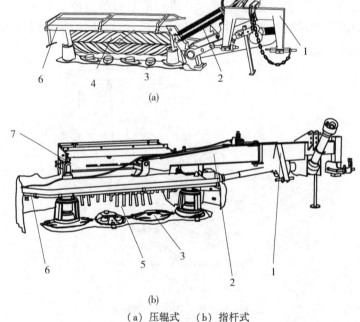

（a）

（b）

（a）压辊式 （b）指杆式

1. 悬挂机构 2. 机架及减压仿形弹簧 3. 割台 4. 压辊式调制器

5. 指杆式调制器 6. 防护架 7. 集草板

图 4.6 后悬挂旋转割草调制机结构示意图

后悬挂旋转割草压扁机主要用于苜蓿等人工种植饲草的收获。作业时，高速旋转的割台首先切割饲草，然后被刀盘抛向压扁辊。高速旋转的压扁辊折弯、压裂植物茎秆，压扁处理后被抛向挡草板回落地面，形成良好透气性的草条。

3. 多联悬挂旋转割草调制机

这类机具在欧洲使用比较普遍，以德国 CLASS、法国 Kuhn、丹麦 Jf-stoll 等公司的产品为代表。主要形式有：德国 CLASS 采用大马力折腰拖拉机前悬挂三台、侧悬挂两台的五联机组（图 4.7）。法国 Kuhn，前悬挂一台，后悬挂两台的三联组合机组。丹麦 JF-STOLL 前悬挂一台，后部半悬挂两台大割幅机具的三联机组等。这类机组的作业幅宽大，一般在 8m 以上，最大可达 14m。其共同特点是作业效率高，转向灵活，自动化程度高，操作控制便捷。

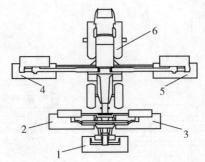

1. 前中割台　2. 前右侧割台　3. 前左侧割台　4. 中右侧割台　5. 中左侧割台　6. 拖拉机
图 4.7　CLASS 五联悬挂旋转割草调制机组示意图

多联悬挂旋转割草调制机组通常配备电子液压浮动仿形系统和智能化控制系统，操作人员在驾驶室即可完成几乎所有的操作、调整和控制。多联机组一般都装有带式横向铺放器，用户可根据需要获得草条形式，如图 4.8 所示。

德国 CLASS COUGAR 美洲狮五联悬挂式旋转割草调制机具有如下主要特点：①该机组配备单板机操作控制系统，可实现电子和液压系统的智能化控制。单板机分别联接每台机器的位置传感器和速度传感器，可以随时识别和矫正系统错误。当某个单机遇到不正常情况时可自动降低转速分离联接器，避免引起其他单机的连锁反应，保证机组的精确运转。②该机配备有智能化的液压马达平衡系统，保证均匀的重力分配，在起伏的地面能够精确仿形，可减小对地压力，保证割后饲草的的良好再生。当设备检测到障碍物时，智能化液压系统迅速将割台提升并自动后摆越过障碍，驾驶员只需在越障后按下恢复按钮即可继续工作。③该机配有可折叠的带式横向传输器，由液压马达驱动。当运输或不使用时可由液压油缸提起，而不影响其他部件的工作。使用横向传输器可形成用户所需的各种草条形式。④该机组与折腰四轮驱动拖拉机配套，转弯半径小、转向灵活。⑤各单机可分别调节，任何条件下可提升折叠割台，根据地块大小、宽窄不同，可实现单机、双联、三联或五联作业，地头田边漏割少。另外该机组配有强大的聚光灯，可以在夜间正常作业。

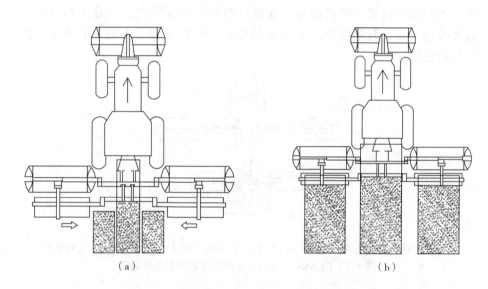

（a）　　　　　　　　　　　　　（b）

（a）使用横向输送装置　（b）不使用横向输送装置

图 4.8　三联机组铺放草条示意图

五、自走式割草调制机

自走式割草调制机即自带动力源和行走系统的割草调制机。自走式割草调制机割幅较大，一般在 5m 左右，前进速度 8~10km/h，配套动力为 100~200kW，多采用全液压动力输出。割台可实现液压浮动、升降，适用于大面积高产的人工草场收获作业。自走式割草调制机按割台分为往复式和旋转式。近年来我国也开始生产全液压往复式割草调制机。

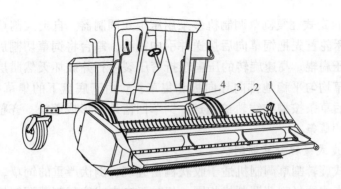

1. 割台 2. 驱动轮 3. 悬挂系统 4. 底盘
图 4.9 自走式割草调制机结构示意图

1. 自走式往复割草调制机

（1）结构及性能特点。自走式往复割草调制机结构如图 4.9 所示，配套动力相对较小，作业速度较旋转式低，一般在 8m/h 左右。割台可选配单动刀或双动刀，调制器可选配压辊式或指杆式。这类机器以 John Deere、Case IH、Agco Hesston、New Holland 等公司的产品为代表。这类机组自动化程度高，一般采用静液压传动系统控制行走系统和割台运动，并可实现割台的浮动控制。自动化程度高的机型在驾驶室配备液压和电子控制系统，可完成机器主要功能的监控和调整，有些机型还配有自动故障诊断系统。通用自走底盘发动机采用涡轮增压技术，动力强劲。引走系统配有大直径宽幅轮胎，对地面压力小，可在不同作业场地平稳运行。自走底盘轴距可调，以适应不同的作业要求。同时还配有强力照明系统，夜间也能照常作业。

一体化割台由拨禾轮、割台、喂入搅龙、调制器、挡草器、机架及液压浮动仿行系统等部分组成。

拨禾轮有四杆式和五杆式等形式，一般由液压马达直接驱动，也有部分机型的拨禾轮由液压马达通过链轮或皮带轮驱动。其上下、前后位置及弹齿轨迹均可通过液压系统调节。

往复式割刀驱动采用摆环或曲柄摆杆机构，由液压马达驱动，一般装有速度传感器。

国外新型的自走式往复割草调制机，多采用输送搅龙机构。输送搅龙有单搅龙和双搅龙，双搅龙输送装置上下搅龙直径和转速不同，可对饲草产生更好的梳理，更加均匀地向调制器输送。搅龙一般采用链传动。

（2）自走式往复割草调制机多采用压辊式调制器。自走式割草压扁机作业时，拨禾轮首先把饲草向后拨送并引向割台，割台将饲草切割后，经输送搅龙推向压扁辊。高速旋转的压扁辊折弯压裂茎秆并破坏天然腊层，压扁处理后的饲草均匀平稳地排向导向板和集草板。由于底盘下的集草板位置高，压扁处理后草条按抛物线轨迹抛送，饲草回落地面形成蓬松，齐整，具有良好透气性的草条。

2. 自走式旋转割草调制机

自走式旋转割草调制机适于收获稠密缠绕、倒伏严重的饲草。通用自走底盘与自走式往复割草调制机相同。相对于自走式往复割草调制机，旋转式割草调制机作业速度更快（可达12kW/h以上）、生产效率更高。而且自走式旋转割草调制机不需要拨禾装置，割台结构紧凑。但自走式旋转割草调制机动力消耗远高于往复式机器。

自走式旋转割草调制机割台由液压油缸控制升降，可垂直、水平浮动，垂直浮动范围2°~10°，即使机组行进时也可调整。当需要更换割台时通过提升臂提起割台，15min即可完成更换。自走式旋转割草调制机割台配置全油浴模块化盘式割台。割台安装在带有加强梁的托架上，有利于割台的正常运转和平稳切割。美国CHALLENGER公司生产的自走式旋转割草调制机由两台液压马达从割台两侧驱动，保证了割台在全幅宽上扭力的均衡传递。

自走式旋转割草调制机通常选配压辊式调制器，压辊间隙和压力可调。压辊压力由液压油缸和氮气储能罐控制，当遇异物或草料堵塞时，无须停机压辊即可迅速分离，排除异物后恢复工作。新型的二次调制系统采用两次调制工艺，第一对钢辊压扁器把切割后的饲草初步折弯压裂，第二对橡胶辊压扁器对饲草进行再调制，以挤出茎秆中的水分。两对调制辊间隙均可通过液压或液压气动系统调整。

第二节　割草调制机的结构组成与工作原理

本节以一种半悬挂式割草调制机为例子，介绍割草调制机械的关键部件设计。如图4.10所示，它包括：机架、割草机构、调制机构和传动系统。

图 4.10　整机结构

一、机架的组成与工作原理

　　机架包括半悬挂架和悬挂系统。如图 4.11 所示，半悬挂架包括：与拖拉机后的两个下悬挂点联接的 U 形挂接头、第一变速箱、第二变速箱、箱体连接套、联轴器；牵引臂铰接在 U 形挂接头的上方；悬臂杆通过轴与牵引臂的后轴孔铰接，其一侧设有液压缸支座；牵引液压缸的一端联接牵引臂，另一端联接悬臂杆，用于推拉牵引臂左右摆动；悬挂桥的一端与悬臂杆固连在一起，且相互之间的夹角为直角；轮系安装在悬挂桥后部轴孔内；集草板安装在悬挂桥下方，用于拢集调制后的饲草。

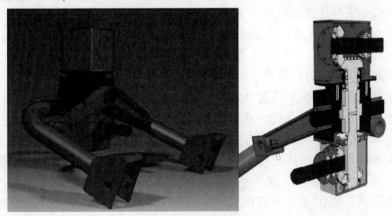

图 4.11　半悬挂架结构

　　机架悬挂系统的组成如图 4.12 所示，包括：下连接杆的两端分别与机架和悬挂桥铰接；悬挂弹簧的一端挂接在悬挂桥上而另一端悬吊着机架，上悬挂板前端的前轴孔与机架吊耳同轴铰接，后轴孔与上悬挂板支座上的轴孔同轴铰接，上轴孔内嵌套着提升轴；两个悬挂液压缸分布在上悬挂板两侧，且一端套在提升轴上另一端套在液压缸支撑杆上；上悬挂板左右两侧各有一个滑动槽焊接在悬挂桥上；液压缸支撑杆安装在滑动槽内。

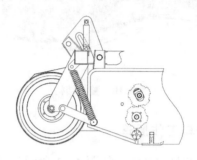

图 4.12　机架悬挂机构示意图

半悬挂架的 U 形挂接头与拖拉机后的两个下悬挂点连接；牵引臂保证 U 形挂接头可以贴牵引臂底面自由转动。牵引液压缸两端分别连接牵引臂及悬臂杆上的液压缸支座，用于推拉牵引臂左右摆动。当割草调制机作业时，牵引液压缸在液压系统作用下伸长，牵引臂向机具外侧转动，U 形挂接头在拖拉机后的两个下悬挂点的牵制下随之转动至割草调制机侧前方的位置；当割草调制机在道路上被拖拉机运输时，牵引液压缸在液压系统作用下缩短，牵引臂向机具侧转动，U 形挂接头在拖拉机后的两个下悬挂点的牵制下随之转动至割草调制机正前方的位置。

机架悬挂系统用于悬吊割草调制机构，平衡其的自重，并能够在机具运输和停放时收起作业部件。机具工作时，悬挂液压缸缩短，此时连接在机架与割草调制台之间的弹簧受力拉伸，调节弹簧的有效长度保证割草调制台在工作时对地表的压力控制在一较小的范围，从而既保证割茬高度又避免其与地面的摩擦力较小，此时的悬挂液压缸不起作用，其支座可以沿滑动槽的长条孔自由滑动。当机具运输或停放时，悬挂液压缸伸长并提升割草调制台至需要的高度，液压控制阀处于锁定状态，此时的弹簧缩短不再提供拉力。

二、割草机构的组成与工作原理

割草机构包括：机架的上端和下端分别与悬挂系统的机架吊耳和下连接杆铰接；两个分草器安装在机架两侧的前方，用于分离待收割和不收割的饲草并收拢将要收割的饲草；浮动割台安装在机架底部，用于收割饲草；拔草器安装在浮动割台的上方并通过轴连接在机架两侧的侧板上，用于把待割的饲草向浮动割台方向引导并把收割后的饲草推向调制辊；上调制辊和下调制辊安装在机架的中部，其辊的两端伸出有轴并通过轴承座安装在机架的两侧板上，上下压扁辊之间相互啮合；可调式滑掌安装在机架底部，其上下位置可调，并保证滑掌的最低位置低于机架底边。

多关节随形浮动割台的结构如图 4.13，包括：双轴浮动割台，所述双轴浮动割台包括安装在机架横轴上且能够绕机架横轴上下摆动的浮动架，以及通过车体后端的轴孔与浮动架前端两侧的浮动架前轴铰接的两个仿形车；两个仿形车之间安装有往复式割台，且刀梁两端固定在车体的内侧。

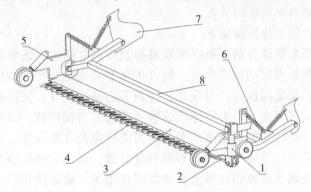

1. 下摆臂　2. 齿面拉杆　3. 刀架　4. 护刃器　5. 浮动架　6. 弹性元件　7. 机架　8. 割台架

图 4.13　浮动割台的结构简图

多关节随形摆臂通过摆动轴的一端连接割草调制机的传动系统，并通过齿面拉杆连接动刀拉杆；

弹性调节装置包括两端分别连接割台架上部的挂接孔和浮动架吊耳的前弹性装置，以及两端分别连接机架和浮动架吊耳的后弹性装置。

多关节随形摆臂包括一个可沿一定轨道上下滑动的摆臂系统，其包括摆动轴、上摆臂、限位盘以及下摆臂；其中摆动轴的另一端穿过上摆臂上的轴孔与多关节随形摆臂固定连接；上摆臂的下方设有圆柱形滑动杆；下摆臂包含上下两部分，其中上方为嵌套在上摆臂的滑动杆外的筒形导轨，下方为两侧具有轴孔且向上凹陷的耳形底座，该耳形底座的凹陷部分容纳有组装好的轴承内套、关节轴承以及叉形关节，且通过穿过叉形底座的轴孔及轴承内套内部的关节轴固定；限位盘位于下摆臂的筒形导轨中。

叉形关节为一侧具有叉形悬臂的中空圆柱体，所述中空圆柱体被容纳于所述耳形底座的凹陷部分中，且所述中空圆柱体的内部容纳有关节轴承；关节轴承的内部容纳轴承内套，并固定在轴承内套的中间位置；轴承内套能够围绕穿过其内部的关节轴自由转动；齿面拉杆通过螺栓连接在所述叉形悬臂之间。圆柱形滑动杆的外径小于所述筒形导轨的最小内径。筒形导轨的内部纵截面为上部小、下部大的阶梯状空腔。限位盘的外径范围为下摆臂的筒形导轨的最小内径到最大内径之间。仿形车包括分别安装在车体前部及后部的前地轮和后地轮，前地轮的后部的车体上安装有减震器，后地轮与浮动架前轴同轴安装。前地轮能够根据地表的湿度情况可置换为滑掌。后弹性装置是一种具有长度自锁功能的装置。

浮动割台的工作原理如下。

在割草调制机作业前，根据所需要的割茬高度调整所述割台的弹性调节装置。如果需要固定的割茬高度，则首先调节并固定前弹性装置的长度，使仿形车和浮动架之间保持相对固定，并调节后弹性装置，使浮动架前轴的高度为设定的割茬高度，因为后弹性装置具有长度自锁功能，因此在作业过程中，可保持浮动架前轴的高度不变，从而能固定割茬的高度。如果割茬高度较低，则使前弹性装置自由并调节后弹性装置，减小后弹性装置的拉力，使仿形车在弹性调节装置和自身重力的共同作用下，前地轮和后地轮以较小的力接触地面并能随着地形的起伏紧贴地面仿形前进，从而使割茬高度较低。

在割草调制机作业时，割草调制机的传动系统向摆动轴提供横向的摆动力，摆动轴带动与之固定连接的上摆臂随之摆动，下摆臂由上摆臂带动横向摆动且可以沿上摆臂的滑动杆在限位盘所限定的一定范围内上下滑动，为齿面拉杆的动力输出提供了上下方向的自由度。下摆臂下侧的耳形底座内安装有关节轴、轴承内套及关节轴承，关节轴承的外圈可绕关节轴自由转动，为齿面拉杆的动力输出提供了三个方向的转动自由度。叉形关节嵌套固定在关节轴承外圈上并与齿面拉杆铰接在一起，使得齿面拉杆在此获得一个转动自由度。结合前述的一个同方向的转动自由度，使得齿面拉杆获得一个前后方向的自由度。综上所述，多关节随形摆臂的齿面拉杆通过与之连接的动刀拉杆向往复式割台的动刀提供横向摆动力的同时，并能随着双轴浮动割台的上下浮动调整自身的摆动力输出位置，从而为往复式割台提供了上下前后方向上不受位置限制的摆动力，保证了往复式割台随地形浮动的同时仍能够正常工作。

三、传动系统与调制机构的组成与工作原理

传动系统的组成如图 4.14 所示，包括：前传动部分和后传动部分。前传动由第一变速箱、第二变速箱和多个传动关节组成。第一变速箱的箱体与 U 形架固连，第一变速箱的箱体与第二变速箱的箱体通过滚针轴承嵌套安装；第二变速箱的输出轴与第一传动关节通过轴套安装，经万向节传动后其后端伸出的一段轴头与第二关节联接；第二传动关节通过轴承座安装在悬挂桥前部的悬臂杆上；第一级万向联轴器的一端联接在第一传动关节的后轴头上，另一端联接在过载保护器上；过载保护器与第二传动关节的前轴头联接；第二级万向联轴器的前端联接第二传动关节的后轴头，后端与第三变速箱的输入轴联接；第三变速箱的输出轴通过齿轮、皮带及链条等方式把动力传动至割台、调制辊和拔草器。

后传动部分包括：介轮系、上压辊轮系和调节装置；介轮系包括垂直安装在割草调制机的侧板上的介轮轴；上压辊轮系包括垂直穿过所述侧板上通孔的上压辊轴；调节装置包括折弯连杆和弹性部件，所述折弯连杆的第一端固定安装在所述上压辊轴上，其中部可旋转的安装在所述介轮轴上，其第二端连接所述弹性部件的第一端，所述弹性部件的第二端连接所述侧板。介轮系还包括与所述介轮轴转动连接的第一同步带轮；上压辊轮系还包括与所述上压辊轴转动连接的第二同步带轮，所述第二同步带轮与第一同步带轮通过同步带传动。介轮系还包括与所述第一同步带轮同轴安装在所述介轮轴上的惰齿轮和小带轮，所述第一同步带轮、惰齿轮和小带轮之间相互固连。传动机构还包括驱动轮系，驱动轮系包括与所述侧板固定连接的变速箱和驱动齿轮，所述变速箱的动力输出轴与所述驱动齿轮连接。动力输出轴上设置有过载离合器，所述动力输出轴通过所述过载离合器与所述驱动齿轮连接。传动机构还包括割台轮系，所述割台轮系包括：下压滚轴，安装在所述下压滚轴上的下压辊齿轮和下压辊带轮，固定在所述侧板上的摆环箱和摆环箱带轮。下压辊带轮与摆环箱带轮通过皮带传动。所述传动机构还包括拔草器轮系，所述拔草器轮系包括：拔草器轴和拔草器带轮。拔草器轴的两端安装在所述侧板上，所述拔草器带轮安装在所述拔草器轴上，所述拔草器带轮与所述小

带轮通过拔草器皮带传动。

图 4.14　传动系统示意图

当往复式割草调制机工作时，拖拉机提供的动力经第一、第二和第三变速箱进行多次 90°换向后，由第三变速箱的动力输出轴带动过载离合器和驱动齿轮转动，驱动齿轮带动与其啮合的惰齿轮转动，惰齿轮带动与其固连同轴的第一同步带轮和小带轮逆时针转动。

惰齿轮与下压辊齿轮啮合，驱动下压辊轴顺时针转动，与惰齿轮同轴固连的第一同步带轮通过同步带带动上压辊轴上的第二同步带轮和上压辊轴逆时针转动，实现牧草调制作业。

逆时针旋转的小带轮通过拔草器皮带带动拔草器带轮逆时针旋转，最终带动拔草器轴逆时针旋转，实现拨草作业。

顺时针旋转的下压辊齿轮带动与其同轴固连的下压辊带轮转动，下压辊带轮通过皮带带动摆环箱带轮转动，实现割草作业。

在作业过程中，当上压辊轴和下压辊轴间出现障碍物时，上压辊轴在障碍物的作用下向上运动实现与下压辊轴的分离，当障碍物通过后，上压辊轴在折弯连杆和弹簧的调节下向下运动并回复到正常工作位置，实现调制过程中的遇险自动调节。

往复式割草调制机传动机构通过设置调节装置，提高了传动过程的可调节性，使割草调制机具有较强的抓取、折压能力，可以高效、柔和地折弯、压扁饲草茎秆，并抛向集草板，形成蓬松而又相互交织的草条。并且，当有障碍物堵塞或通过压扁辊时，不用停机调节，上压辊轴受压自动转离，使障碍物迅速通过压扁辊。待障碍物通过后，调节装置的弹性部件提供拉力，使上压辊轴回复原位，机具照常作业。过载离合器和驱动齿轮配合使用，一旦发生过载，传递扭矩超过设定值，驱动侧和负载侧分离，使机具免遭过载而引起的损坏。

第三节　割台的设计

割草部分采用旋转式割台时，刀片是旋转式割草机的割草作业部件，其高速旋转的刀片在作业过程中发生疲劳损伤，尤其是在与其他坚硬物碰撞时，容易崩裂并飞溅出伤害机具周围的人员。尤其对自我保护能力差的儿童伤害更大。尽管各公司对刀片的设计准则都是针对理想作业条件下的无限寿命设计。但是在使用过程中，刀片的工作环境复杂，往往会受到木质植物或石块的冲击，其实际所受应力有时远高于理想作业条件。即便如此，小于疲劳极限应力在超高周循环下也可使材料发生疲劳破坏。采用往复式割台，割台全浮动悬挂机构，可实现割台地面仿形，确保割茬最低，同时使驾驶员操作更方便。液压反吐装置能够在饲草堵塞情况下吐出堵塞物。行走转向靠静液压驱动，行走速度 18km/h，最小转弯半径近似于零，可实现就地 360° 回转。行走系统实现全程无级变速，操作简便。割茬高度与护刃器角度均可方便地进行调整。

割刀驱动机构采用封闭式摆环，结构见图 4.15 。

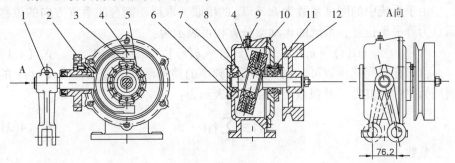

1. 割刀摆臂　2. 接头轴承座　3. 摆叉轴　4. 摆叉　5. 摆环　6. 轴承盖
7. 摆环箱体　8. 摆环轴　9. 加油塞　10. 摆环箱盖　11. 压盖　12. 摆环箱皮带

图 4.15　摆环机构示意图

为什么使割台能够全浮动，需要对割刀摆臂进行创新设计，使割刀能够达到较好的仿形能力和作业效率。此时，刀片的疲劳问题即转移为新型往复式割台的摆臂的疲劳可靠性问题。

根据浮动割台的运动规律和作业条件，假设水平面为 xy 平面，z 为垂直地表方向，机具的前进方向为 x，上下浮动位移为 $z(t)$，浮动割台的质量为 m，假设机具前进速度不变，地表的不平度的前进距离坐可以标转化为时间坐标，得到地表不平度的函数为 $q(t)$，浮动割台上部减震器的弹簧刚度为 k_1，阻尼系数为 c_1，浮动割台下方地轮的刚度为 k_2，建立其工况模型如图 4.16 所示。

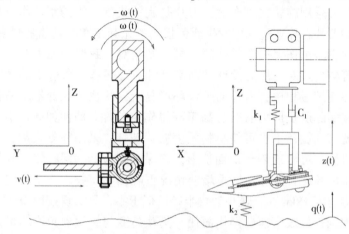

图 4.16　浮动割台的工况模型

由于系统中的刚度系数为 k_1 和 k_2 的串联，取浮动割台的垂直方向的位移原点为静平衡位置，系统的运动微分方程可表示为：

$$m\ddot{z}(t) + c_1\dot{z}(t) + k_2[z(t) - q(t)] + k_1 z(t) = 0 \qquad 式（4.1）$$

由于任何周期函数可以表示为不同频率的简谐函数的叠加，假设 $z(t)$ 的周期为 T，则其傅里叶级数可以用复数表示为：

$$z(t) = \sum_{k=1}^{\infty} c_k e^{\frac{i2\pi kt}{T}} \qquad 式（4.2）$$

系数：

$$c_k = \frac{1}{T} \int_{-\frac{T}{2}}^{\frac{T}{2}} z(t) e^{\frac{i2\pi kt}{T}} dt \qquad 式（4.3）$$

当 T 趋于为无穷大时，$z(t)$ 的极限形式可以表示为：

$$z(t) = \lim_{T \to \infty} \sum_{k=-\infty}^{\infty} \left(\frac{1}{T} \int_{-\frac{T}{2}}^{\frac{T}{2}} z(t) e^{\frac{i2\pi kt}{T}} dt \right) e^{\frac{i2\pi kt}{T}} \qquad 式（4.4）$$

频率用角速度 ω 表示，得到 $z(t)$ 和 $z(\omega)$ 之间的傅里叶变换对：

$$z(t) = \int_{-\infty}^{\infty} z(\omega) e^{i\omega t} dt \qquad \text{式 (4.5)}$$

$$z(\omega) = \frac{1}{2\pi} \int_{-\infty}^{\infty} z(t) e^{-i\omega t} dt \qquad \text{式 (4.6)}$$

由于浮动割台的工作过程为高速往复运动，其部件往复的运动必然导致其由于交变载荷引起的疲劳损坏。因此必须对该机构进行疲劳寿命分析和抗疲劳设计。另一方面，由于其作业环境为非道路地面，影响地面不平度的因素很多。此外，由于牧草的长势和倒伏情况不同，割台所遇到的切割阻力也不同，这使得实际测量浮动割台的激励比较困难。进行疲劳寿命预测首先要分析引起疲劳的载荷类型以及疲劳的类型。由于浮动割台的激励源较多，其部件的振动和往复摆动都可能成为引起失效的主要因素。本节首先研究浮动割台在时域内受到的载荷情况，找到其中的薄弱部件及薄弱环节，采用静态的应力疲劳的分析方法进行寿命预测。进而在频域内分析载荷和应力随频率变化的功率谱密度，再借助疲劳损伤理论进行频域内的疲劳分析。最后得到浮动割台薄弱环节的疲劳寿命并对其寿命与所受载荷之间的灵敏度进行分析。

一、疲劳损伤模型的建立

零部件由于循环载荷作用引起疲劳破坏的过程总是包括零部件上裂纹的产生、裂纹的发展乃至最后的断裂这几个过程。为了研究零部件从裂纹萌生到破坏这个过程的规律，人们先后提出了多种理论，最早是 Miner 提出的线性损伤累模型，并用于飞机部件的疲劳试验，称为 Miner 准则。在后续的研究中人们发现采用线性的准则可能会导致偏冒险的寿命预测，相继出现了非线性的损伤曲线法和曼森提出的由折线段组成的双线性损伤模型。以上模型的计算方法和计算复杂程度虽然不同，但都是采用累计损伤的方法。疲劳累计损伤理论认为：试样没有进行疲劳损坏时，假设疲劳损伤为零，当试样发生疲劳失效时其疲劳损伤等于1。以线性损伤为例，并利用材料 S-N 曲线中的数据，累积损伤 D 可以表示为：

$$D = \sum D_i = \sum_{i=1}^{r} \frac{n_i}{N_i} \qquad \text{式 (4.7)}$$

式中：D_i 是某应力幅值下的疲劳损伤，n_i 是第 i 个应力幅值的循环次数，N_i 是 S-N 曲线确定的 i 种载荷幅值下失效所要循环的次数。r 是载荷幅值的种类数。

当损伤等于 1 时，零件发生破坏，由此可得出零件运行的总周期数为：

$$\lambda = \frac{1}{D} \qquad \text{式（4.8）}$$

最终得到试样的疲劳寿命 N 为：

$$N = \lambda \sum_{i=1}^{r} n_i = \frac{1}{\sum_i \frac{1}{N_i} \times \frac{n_i}{N}} \qquad \text{式（4.9）}$$

根据应力幅值与疲劳寿命的关系，疲劳寿命 N 可以表示为：

$$\sigma_a = \sigma'_f N^b \qquad \text{式（4.10）}$$

$$\text{或 } N = \frac{1}{2} \left(\frac{\sigma_a}{\sigma'_f} \right)^{\frac{1}{b}} \qquad \text{式（4.11）}$$

式中：σ_a 是应力幅值，N 为载荷幅下的疲劳循环次数，σ'_f 为疲劳强度系数，b 为疲劳强度指数。

利用试样进行恒福交变载荷试验时，定义最大应力为 σ_{max}，最小应力为 σ_{min}，应力范围：

$$\sigma_r = \sigma_{max} - \sigma_{min} \qquad \text{式（4.12）}$$

应力幅值 σ_a 可以表示为：

$$\sigma_a = \frac{\sigma_r}{2} = \frac{\sigma_{max} - \sigma_{min}}{2} \qquad \text{式（4.13）}$$

平均应力：

$$\sigma_m = \frac{\sigma_{max} + \sigma_{min}}{2} \qquad \text{式（4.14）}$$

由于在实际中零件受到的应力并非对称的交变应力，因此，用最小应力与最大应力之比 R 来描述应力范围为交变应力或脉动应力。

$$R = \frac{\sigma_{min}}{\sigma_{max}} \qquad \text{式（4.15）}$$

当 R 的值为负数时，应力范围为交变应力；当 R 的值大于零时，应力范围为单向脉动应力。

应力幅值与平均应力的比值 A 可以表示为：

$$A = \frac{\sigma_a}{\sigma_m} = \frac{1-R}{1+R} \qquad \text{式（4.16）}$$

应力的幅值和均值参数 R 与 A 确定了应力对疲劳极限的影响，当得到材料在零均值的交变应力下的疲劳极限后，通过参数 R 与 A 的修正即可得到在该应力水平下的疲劳极限。

二、基于应力的疲劳寿命计算

研究零部件的疲劳特性，首先需要得到零件的材料特性。查阅相关材料手册得到材料的各项参数如表 4.2 所示。

表 4.2 材料的机械特性

序号	参数	取值	单位
1	弹性模量（Elasticity modulus）	196	GPa
2	屈服强度（Yield strength）	680	MPa
3	泊松比（Poisson ratio）	0.3	
4	密度（Density）	7 810	kg/m^3
5	极限抗张强度（Ultimate Tensile Strength）	920	MPa
6	延展系数（Ductility Coefficient）	0.213	
7	延展指数（Ductility Exponent）	−0.47	
8	循环应变硬化指数（Cyclic Strain Hardening Exponent）	0.2	
9	疲劳强度系数（Fatigue strength coefficient）	690	MPa
10	疲劳强度指数（Fatigue strength exponent）	−0.166	
11	循环强度系数（Cyclic strength coefficient）	1 000	MPa

对于已知几何形状、加工方式和表面处理情况的零部件，材料的 S-N 曲线显然只提供了疲劳寿命分析的参考，即材料的 S-N 曲线只代表了某种标准试样的情况。要想获取实际零件的 S-N 曲线，需要对材料的 S-N 曲线进行调整或修正。修正因素主要包括：①由于零部件受多轴载荷的影响，其应力梯度和应力类型发生变化，产生的多轴修正系数 K_M；②由于零部件表面是裂纹萌生之处，加工表面的粗糙度以及加工表面的残余应力对裂纹的萌生与扩展影响较大，因此，引入加工质量系数 β；③零部件截面突变、有孔洞或有缺口时，应力集中现象会引起局部应力水平的急剧增大，因此引入应力集中系数 K_σ，由于材料或加工等环节的不稳定因素产生的可靠性系数 K_o，零部件尺寸及形状导致的尺寸系数 ε。

得到零件的疲劳强度修正参数 $K_{\sigma D}$ 的表达式为：

$$K_{\sigma D} = K_M K_o \left(\frac{K_\sigma}{\varepsilon} + \frac{1}{\beta} - 1 \right) \qquad \text{式（4.17）}$$

进而得到修正后零件的疲劳极限 σ_{-1D}，其表达式为：

$$\sigma_{-1D} = \frac{\sigma_{-1}}{K_{\sigma D}}$$ 式 (4.18)

式中，σ_{-1} 为材料的疲劳极限。

根据试样材料的 S-N 曲线，定义循环次数 N 在区间 $10^3 \leqslant N \leqslant 10^6$ 的疲劳强度修正系数为 $K_{\sigma D, N}$，其可以表示为：

$$\lg(K_{\sigma D, N}) = \lg(K'_{\sigma D}) + [\lg(K'_{\sigma D}) - \lg(K_{\sigma D})] \frac{\lg(10^6) - \lg(N)}{\lg(10^6) - \lg(10^3)}$$
式 (4.19)

式中，$K'_{\sigma D}$ 是疲劳循环次数在 10^3 次时的疲劳强度的降低系数，$K_{\sigma D}$ 为疲劳循环次数在 10^6 次时的疲劳强度的降低系数。求出疲劳循环次数在 10^3 次和 10^6 次时对应的应力幅值，进行连线即可得到新的零件 S-N 曲线。

除了上述因素的影响，平均应力对零件的疲劳寿命影响也很大，尤其是对基于应力的疲劳。为了研究平均应力对疲劳强度的影响，Gerber、Goodman、Haigh 和 Soderberg 先后提出了如图 4.17 所示的不同经验模型。

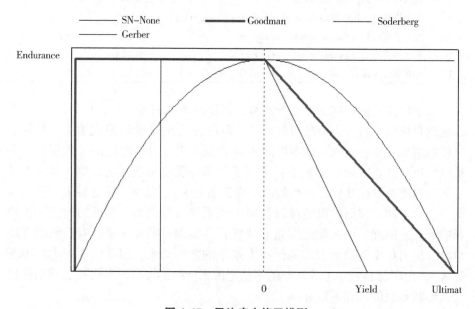

图 4.17　平均应力修正模型

这些经验模型中 Goodman 修正模型公式简单并且对平均应力为拉应力的情况比较适合，并且能够在缺乏疲劳特性时可用。Goodman 修正模型可以表示为以下形式：

$$\sigma_{ar} = \frac{\sigma_a}{1 - (\sigma_m / \sigma_u)^\alpha} \qquad\qquad 式（4.20）$$

式中，α 是材料常数，σ_{ar} 为非对称交变应力经变换后对应的等效应力幅 σ_u 为极限抗拉强度。

浮动割台受到的交变应力载荷中部分是低于材料的疲劳极限的。依据传统的疲劳准则，这些应力循环不会产生疲劳，但在工程实际中已经有研究表明这些较小的应力能够对零件的疲劳产生影响。尤其当零件表面粗糙度较大或者已经有裂纹时，这些低于疲劳极限的应力对零件疲劳寿命的影响是不可忽视的。除了粗糙度影响，文献中还阐述了工作环境的温度、湿度、腐蚀情况结合这些在 $10^7 \sim 10^9$ 循环次低幅值应力对疲劳寿命的影响。根据经验准则，通常把疲劳极限一半以上的载荷加入计算行列，而把低于这个值的载荷忽略。

依据浮动割台的三维建模，建立其有限元模型，并把上节中材料的机械特性和疲劳特性加载到有限元模型中，然后设定单元类型并进行网格划分。依据上节中对浮动割台作业过程中的运动学分析，对浮动割台的有限元模型施加相应的载荷。经分析计算得到浮动割台的应力分布图，如图4.18所示。

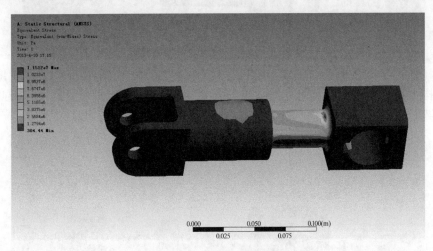

图4.18　浮动割台的应力云

由图中显示的结果可以看出，浮动割台的内滑杆是这些零件中的薄弱零件，内滑杆上端部的轴肩位置是所有零件中最薄弱的截面。由于该截面的截面形状和截面积都发生了较大变化，因此该零件在此处的应力集中系数对疲劳寿命的影响较大。由于该截面形状规则，通过应力分析可知该薄弱截面的应力值为：

$$\sigma = \frac{Ml}{I} \qquad\qquad 式（4.21）$$

式中，M 为浮动割台受到的弯矩；

l 为轴线到研究点的距离；

I 为圆柱形截面的惯性矩。

在疲劳分析软件中设定各修正量，并载入应力值进行疲劳分析，假定设计寿命为 $1×10^6$ 次得到浮动割台的疲劳寿命分布如图 4.19 所示。由图 4.19 中数据可以看出内滑杆在薄弱截面的最小寿命为 $2.289×10^6$ 次循环，最大寿命为 $6×10^6$ 次。

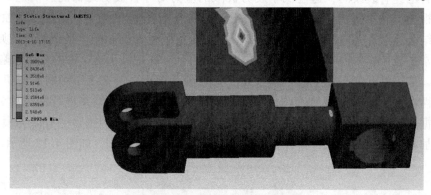

图 4.19　浮动割台的疲劳寿命分布

得到浮动割台各处的安全系数值如图 4.20 所示。由图 4.20 中可以看出，机构中除内滑杆的轴肩处之外，安全系数值都达到了较合理的范围，因此，需要对轴肩处进行再优化设计来提高整体的安全系数值。

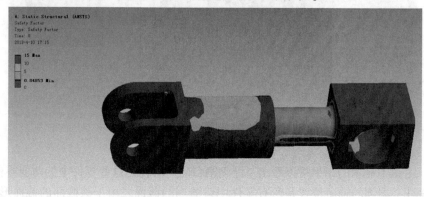

图 4.20　浮动割台的安全系数分布

得到浮动割台的双轴指示如图 4.21 所示。图 4.21 中表示接近 1 的区域为双轴影响较大，接近 0 的区域为纯单轴影响，颜色指示为 –1 的区域为纯剪切。

图 4.21　浮动割台的双轴指示

三、频域内疲劳寿命计算

当零件长期受到振动影响，振动对疲劳寿命的影响已经不能忽视，但是采用传统时域载荷信号进行疲劳损伤分析已经无法满足要求。虽然时域信号能够准确反映载荷，但是用它准确地描述随机加载过程却需要非常长的信号记录。对于有限元分析来说，处理很长的时域加载信号非常困难。此外，零件在随机振动载荷作用下，其应力响应中很大一部分呈现高频低幅的特点，绝大多数应力幅值小于或接近于疲劳极限，如果采用时域分析可能会无法反映该区间的疲劳损伤。

对浮动割台进行频域内的疲劳寿命分析，首先需要得到薄弱截面的应力功率谱，然后计算应力幅值在零点和峰值的向上穿越率并判断载荷是窄带随机过程还是宽带随机过程，最后结合疲劳损伤理论进行疲劳寿命预测。由于浮动割台中的薄弱部件受到随机激励，自身响应为某种概率分布，因而其响应函数需要采用概率方法描述。

假设一个应力响应在时域内的表达式为 $S(t)$，其总的时间历程为无限多个时域样本 $S_1(t)$，$S_2(t)$，$S_3(t)\cdots S_n(t)$ 组成。其概率密度为 $f_x(x)$，分布密度为 $F_x(x)$，该随机过程的自相关函数：

$$R(\tau) = E[S_1(t)S_2(t)] \qquad 式（4.22）$$

式中，τ 为两个样本之间的时间间隔。

当 $\sigma(t)$ 为稳态随机过程时，其均值和方差与时间无关，所以：

$$\mu = E[\sigma_1(t)] = E[\sigma_2(t)] = \cdots$$
$$\sigma = \sigma_1(t) = \sigma_2(t) = \cdots$$

两个样本间的相关系数可以表示为：

$$\rho = \frac{R(\tau) - \mu^2}{\sigma^2} \qquad\qquad 式（4.23）$$

当 $\rho = \pm 1$ 时，表示两个样本之间相关，当 $\rho = 0$ 时，代表两个样本不相关。

由于两个样本之间的时间间隔 $\tau = \infty$ 时，它们之间不相关，得到：

$$\rho = \lim_{\tau \to \infty} \frac{R(\tau) - \mu^2}{\sigma^2} = 0 \qquad\qquad 式（4.24）$$

此时相关函数：

$$R(\tau) = \mu \qquad\qquad 式（4.25）$$

当两个样本之间的时间间隔 $\tau = 0$ 时，

$$R(0) = \mu^2 + \sigma^2 = E(X^2) \qquad\qquad 式（4.26）$$

将应力响应过程变换为零均值分布，可得：

$$\lim_{\tau \to \infty} R(\tau) = \mu = 0 \qquad\qquad 式（4.27）$$

由此可以得到自相关函数满足傅里叶变换的条件：

$$\int_{-\infty}^{\infty} R(\tau) dt < \infty \qquad\qquad 式（4.28）$$

自相关函数的傅里叶变换和逆变换为：

$$S(\omega) = \frac{1}{2\pi} \int_{-\infty}^{\infty} R(\tau) e^{-i\omega\tau} dt \qquad\qquad 式（4.29）$$

$$R(t) = \int_{-\infty}^{\infty} S(\omega) e^{i\omega\tau} dt \qquad\qquad 式（4.30）$$

式中，$S(\omega)$ 即为随机过程的功率谱密度。当 $\tau = 0$ 时，可以简化为：

$$R(0) = \int_{-\infty}^{\infty} S(\omega) d\omega = \sigma^2 = E(X^2) \qquad\qquad 式（4.31）$$

考虑频率的物理意义，将频率与角速度的转化公式 $2\pi f = \omega$ 代入上式得：

$$R(0) = \int_{-\infty}^{\infty} S(\omega) d2\pi f = 4\pi \int_{0}^{\infty} S(\omega) df \qquad\qquad 式（4.32）$$

$S(t)$ 的一阶导数和二阶导数的谱密度可以表示为：

$$S(\dot{\omega}) = \omega^2 S(\omega) \qquad\qquad 式（4.33）$$

$$S(\ddot{\omega}) = \omega^4 S(\omega) \qquad\qquad 式（4.34）$$

同理可得其一阶导数和二阶导数的方差：

$$\dot{\sigma}^2 = \int_{-\infty}^{\infty} S(\dot{\omega}) d\omega = \int_{-\infty}^{\infty} \omega^2 S(\omega) d\omega \qquad\qquad 式（4.35）$$

$$\ddot{\sigma}^2 = \int_{-\infty}^{\infty} S(\ddot{\omega}) d\omega = \int_{-\infty}^{\infty} \omega^4 S(\omega) d\omega \qquad\qquad 式（4.36）$$

内连杆受到变化的交变载荷作用，其应力响应值也随着时间而变化，为了研究其受到应力值在一定时间内峰值次数和大小，可以研究应力值以正斜率穿越某点的期望值。对于零均值平稳正态过程，应力响应以正斜率穿越 $S = 0$ 的含义为应力在该处的斜率大于零。应力以正斜率穿越 $S = 0$ 的期望值的表达式为：

$$E(0^+) = \frac{1}{2\pi} \frac{\dot{\sigma}}{\sigma} \qquad\qquad 式（4.37）$$

同理，应力响应在其峰值的穿越率的期望值可以表示为：

$$E(p) = \frac{1}{2\pi} \qquad\qquad 式（4.38）$$

令应力在零点的正斜率交叉数的期望值与所有峰值数的期望值的比值为 γ，γ 值可以表示为：

$$\gamma = \frac{E(0^+)}{E(p)} = \frac{\ddot{\sigma}^2}{\sigma \dot{\sigma}} \qquad\qquad 式（4.39）$$

假设 M_j 为功率谱密度的第 i 阶矩，其 0、1、2、4 阶矩可以表示为：

$$M_0 = \int_0^{\infty} f^0 4\pi S(\omega) \, df \qquad\qquad 式（4.40）$$

$$M_1 = \int_0^{\infty} f^1 4\pi S(\omega) \, df \qquad\qquad 式（4.41）$$

$$M_2 = \int_0^{\infty} f^2 4\pi S(\omega) \, df \qquad\qquad 式（4.42）$$

$$M_4 = \int_0^{\infty} f^4 4\pi S(\omega) \, df \qquad\qquad 式（4.43）$$

假设峰值的分布 $F_{S(a)}$ 在单位时间内的概率密度函数为：

$$f(S_a) = \frac{1}{\sqrt{2\pi}\,\sigma_s}\sqrt{\alpha}\exp\left[-\frac{s_m{}^2}{2\sigma_s{}^2\gamma}\right] \qquad \text{式 (4.44)}$$

当 $\alpha = 1$ 时，每一个在零点的正向斜率都对应一个峰值，这种分布为窄带随机过程。此时的峰值分布函数符合瑞利分布，即：

$$f(S_a) = \frac{s}{\sigma_s{}^2}\exp\left[-\frac{s^2}{2\sigma_s{}^2}\right] \qquad \text{式 (4.45)}$$

根据瑞利分布的性质，峰值的期望值 $E(S_a)$ 为：

$$E(S_a) = \sqrt{\frac{\pi}{2}}\,\sigma_s = \sqrt{\frac{\pi M_0}{2}} \qquad \text{式 (4.46)}$$

假设在载荷历程 $S(t)$ 的所有循环中，应力峰值为 S_a 的数目为 n_i，而所有的峰值数目之和为 $\sum\limits_{i=1}^{r} N_i$，应力峰值为 $S(t) = S_a$ 的概率密度为：

$$f_i = \frac{n_i}{\sum\limits_{i=1}^{r} N_i} \qquad \text{式 (4.47)}$$

代入累计损伤理论，得到其包含概率形式的方程为：

$$D = \sum \frac{n_i}{N_{i,f}} = \sum \frac{f_i \sum\limits_{i=1}^{r} N_i}{N_{i,f}} \qquad \text{式 (4.48)}$$

将 $S - N$ 曲线变换形式得到如下表达式：

$$N_{i,f} = q / S_i{}^w \qquad \text{式 (4.49)}$$

式中，q 为由疲劳强度决定的参数值，w 为疲劳强度指数决定的参数，且它们都为常数。

将变形后的 $S - N$ 曲线代入损伤累计方程得到：

$$D = \sum \frac{f_i \sum\limits_{i=1}^{r} N_i}{q S_i{}^w} = \frac{\sum\limits_{i=1}^{r} N_i}{q} \sum f_i S_i{}^w \qquad \text{式 (4.50)}$$

由统计学理论中期望值的计算公式可知：

$$\sum f_i S_i{}^w = E(S^w) \qquad \text{式 (4.51)}$$

将式子中峰值的期望值代入疲劳损伤理论，可得到：

$$D = \frac{\sum\limits_{i=1}^{r} N_i}{q} \sqrt{\frac{\pi}{2}}\,\sigma_s \qquad \text{式 (4.52)}$$

由于所有的循环次数和 $\sum\limits_{i=1}^{r} N_i$ 等于零点的正斜率与样本时间的乘积，即：

$$\sum_{i=1}^{r} N_i = E(0^+) T \qquad \text{式（4.53）}$$

最终得到疲劳寿命的计算公式：

$$D = \frac{E(0^+) T}{q} \left(\sqrt{\frac{\pi}{2}} \sigma_s \right)^W \qquad \text{式（4.54）}$$

对式（4-54）代入具体数据，根据材料属性得到：

$$q = 0.5 \times 960^{\frac{-1}{0.166}} = 1.23 \times 10^{17} \qquad \text{式（4.55）}$$

对浮动割台进行受力分析后可得薄弱截面在时域内的应力谱经均匀化处理后如图 4.22 所示，当机具工作条件不同时，幅值会随着被收割牧草的稠密程度而变化。设定应力幅值的变化范围为均值的 0.6~1.5 倍，对时域载荷按照其变化范围进行等距缩放，组成新的时域载荷谱进行傅里叶变换得到幅值在频域内的分布情况如图 4.23 所示。由图形可以看出对零件疲劳寿命影响较大的幅值主要分布在 13~20Hz 的区间内。

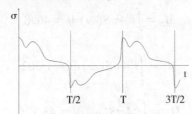

图 4.22　薄弱截面应力在时域内的曲线

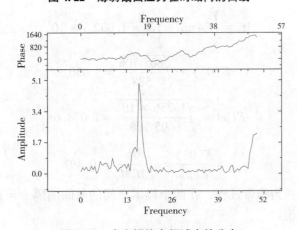

图 4.23　应力幅值在频域内的分布

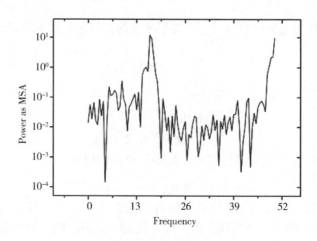

图 4.24　应力响应的功率谱密度

在随机载荷的作用下，利用图 4.24 中的功率谱密度条件进行积分或求和，可以计算得到其 0、1、2、4 阶矩为：

$$M_0 = \int_0^\infty f^0 4\pi S(\omega)\, \mathrm{d}f = 46.8 \qquad \text{式 (4.56)}$$

$$M_1 = \int_0^\infty f^1 4\pi S(\omega)\, \mathrm{d}f = 1\,302 \qquad \text{式 (4.57)}$$

$$M_2 = \int_0^\infty f^2 4\pi S(\omega)\, \mathrm{d}f = 48\,226 \qquad \text{式 (4.58)}$$

$$M_4 = \int_0^\infty f^4 4\pi S(\omega)\, \mathrm{d}f = 1.002\,5 \times 10^8 \qquad \text{式 (4.59)}$$

$$E(0^+) = \sqrt{\frac{605\,706}{588}} = 1\,030 \qquad \text{式 (4.60)}$$

$$E(p) = \sqrt{\frac{1.256 \times 10^9}{605\,706}} = 2\,073.6 \qquad \text{式 (4.61)}$$

$$\gamma = \frac{E(0^+)}{E(p)} = \sqrt{\frac{M_2^{\,2}}{M_0 M_4}} = 0.497 \qquad \text{式 (4.62)}$$

把该过程视为窄带过程，在两个样本之间的时间间隔 $\tau = 1(s)$ 时，应力产生的疲劳损伤：

$$D = \frac{E(0^+)T}{q}\left(\sqrt{\frac{\pi M_0}{2}}\right)^W = \frac{1\,030 \times 1}{1.23 \times 10^{17}} \times \left(\sqrt{\frac{3.14 \times 588}{2}}\right)^{\frac{-1}{-0.166}} = 7.048 \times 10^{-6}$$

式（4.63）

由疲劳失效可以计算出相应的时间寿命为：

$$\text{life} = \frac{1}{D}\omega = \frac{1}{7.048 \times 10^{-6}} \times 14 = 1.986 \times 10^6(\text{次})$$　　式（4.64）

由上式结论可以看出振动疲劳分析结果与时域内的分析结果基本相同。但是其寿命值与其单位时间内摆动的次数有关。

四、疲劳寿命预测结果及分析

由于整机优化后可能需要对浮动割台的工作载荷进行调整，即浮动割台的应力水平可能会发生变化。因此在完成疲劳寿命预测后，还需要研究机构的应力水平变化对寿命的影响情况。假设应力水平会在原值的 50%～300% 区间内变化，分析可得疲劳寿命对应力幅值的敏感度如图 4.25 所示。由图 4.25 可以看出：当应力值在当前水平的 50%~80% 区间内变化时，对机构的寿命几乎没有影响，其寿命稳定在 6×10^6 次循环左右；当应力值在当前水平的 80%~160% 区间内变化时，零件的寿命值变化较快；当应力值在当前水平的160%~300% 区间内变化时，切刀寿命稳定在 3.27×10^4 次循环。

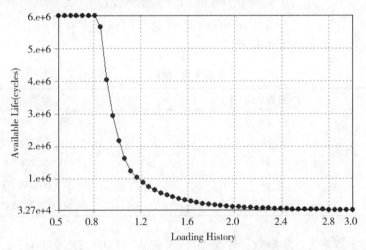

图 4.25　疲劳寿命对载荷幅的灵敏度图

为了得到应力变化值与疲劳寿命值之间的具体函数关系，假设应力的变化值为自变量 x，寿命值为因变量 y。提取上图中当前水平的 $80\% \sim 200\%$ 区间内的数据点，得到数据关系如表 4.3 所示。

表 4.3　应力的变化值与疲劳寿命的对应数据点

序号	X	Y
1	0.8	6 000 000
2	0.95	3 560 000
3	1	2 120 000
4	1.1	1 260 000
5	1.25	746 000
6	1.45	443 000
7	1.68	263 000
8	1.94	156 000
9	2.25	92 800
10	2.6	55 100
11	3	32 700

运用准牛顿法（BFGS）+ 通用全局优化法进行拟合，得到以下形式的拟合函数（1）：

$$y = \frac{p_1 + p_3 \times \mathrm{Ln}(x) + p_5 \times [\mathrm{Ln}(x)]^2}{1 + p_2 \times \mathrm{Ln}(x) + p_4 \times [Ln(x)]^2} \qquad \text{式（4.65）}$$

函数的参数如表 4.4 所示：

表 4.4　参数

参数名称	参数值
p1	2 192 151.547 916 52
p2	11.326 322 167 522 9
p3	7 817 327.268 701 92
p4	30.883 272 120 324 4
p5	−7 742 092.743 857 12

拟合函数的统计学参数：标准差（RMSE）：31 938.238 934 433 8，误差平方和（SSE）：11 220 562 168.562 8，相关系数（R）：0.999 843 715 668 038，变量之间相关程度（R － Square）：0.999 687 455 760 869，测定系数

（DC）：0. 999 687 393 159 585。

得到原数据点与拟合函数的计算数据点之间的对比关系如表 4.5 所示。得到数据点在拟合函数上的分布如图 4.26 所示。

表 4.5 函数（1）的计算值与给定值之间的对比

No.	Observed Y	Calculated Y
1	6 000 000	6 000 449. 576 887 91
2	3 560 000	3 539 561. 297 570 83
3	2 120 000	2 192 151. 547 916 52
4	1 260 000	1 214 755. 121 695 9
5	746 000	701 069. 623 335 086
6	443 000	425 236. 588 163 779
7	263 000	274 158. 938 313 843
8	156 000	180 014. 136 437 012
9	92 800	112 815. 791 217 061
10	55 100	64 798. 097 998 198 8
11	32 700	28 314. 584 033 687 2

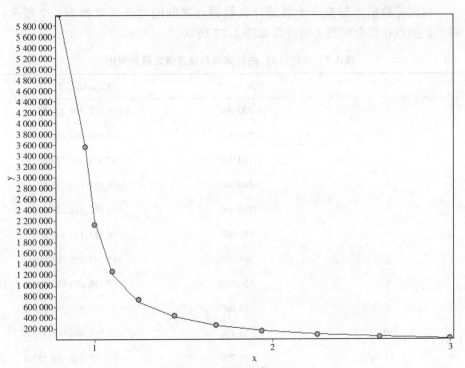

图 4.26 拟合函数（1）

利用最大继承法进行拟合，得到参数值较少的拟合函数（2）：

$$y = \mathrm{Exp}(p_1 + p_2 \times \mathrm{Ln}(x)/x + p_3 \times \mathrm{Ln}(x)/x^2) \qquad \text{式（4.66）}$$

得到该函数的参数如表 4.6 所示：

表 4.6　参数

Parameters Name	Parameter Value
p1	14. 714 575 318 774 2
p2	−14. 986 900 208 875 7
p3	9. 416 693 257 813 4

拟合函数的统计学参数：标准差（RMSE）：166 492. 072 978 581，误差平方和（SSE）：304 915 714 011. 756，相关系数（R）：0. 995 971 617 430 896，变量之间相关程度（R−Square）：0. 991 959 462 727 914，测定系数（DC）：0. 991 504 994 445 182。

得到原数据点与拟合函数的计算数据点之间的对比关系如表 4.7 所示。得到数据点在拟合函数上的分布如图 4.27 所示。

表 4.7　函数（2）的计算值与给定值之间的对比

No.	Observed Y	Calculated Y
1	6 000 000	6 026 167. 396 321 73
2	3 560 000	3 231 856. 964 006 65
3	2 120 000	2 457 303. 869 273 52
4	1 260 000	1 408 121. 613 751 97
5	746 000	649 531. 628 276 283
6	443 000	278 823. 139 414 057
7	263 000	135 597. 165 095 095
8	156 000	77 130. 075 401 708 5
9	92 800	50 085. 980 763 535 2
10	55 100	37 716. 496 005 373 5
11	32 700	32 073. 591 866 151 4

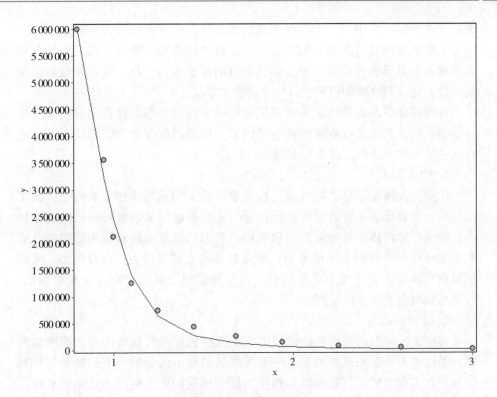

图 4. 27　拟合函数（2）

从以上数据对标和图形可以看出两个函数对原观测值的拟合情况都比较好。由于函数（1）所含参数较多且其形式不利于后续计算，因此选择函数（2）为应力变化值与疲劳寿命之间的关系式。

第四节　调制机构的设计

一、调制机构的工况分析

调制悬架是调制机构主要承载部件，在不同的地形和工作状态都承受着变化的载荷，必须具有足够的刚度和强度。它主要由两个平行的侧板和若干个横梁焊接而成。调制悬架的后侧的上端和下端分别与牵引装置的不同位置铰接，形成一个平行四边形连杆机构，调制悬架工作时，后端承受着来自牵引装置的悬挂力，下端承受着与地表滑动摩擦力，侧面承受着变速箱等传动系统部件施加的作用力，所以调制悬架的强度、刚度及振动特性等几乎完全决定了整机的强度、刚度和振动特性。在设计过程中，使用先进的设计分析方法对调制悬架进行计算分析，能够大量的减少人力工作，并且保证高质量的设计，这在割草调制机的设计中有着重大意义。

合理的载荷及边界约束条件是优化的一个重要环节，并且是直接关系到计算结果的准确性和可靠性的最主要因素。依据调制悬架的结构特点及作业状况，采取如下 3 种工况进行有限元分析。

1. 作业工况

作业工况模拟割草调制机在比较平整草地上匀速直线作业的状态。此工况包括：调制悬架下方的滑掌承受自身与地面接触带来的水平向后的动摩擦力；拔草器旋转拔草时带来的向后的拔草阻力；割草调制台后侧的铰接孔受到悬挂机构中弹簧向上的提升力；地面对其向上的支持力；自身重力。考虑到模拟对象的作业条件为动态过程，自重和载荷要乘以一定的动载荷系数，方向与载荷的矢量方向相同。

2. 转弯工况

转弯工况考虑的是当拖拉机牵引调制压扁机以最大转弯向心加速度转弯时，惯性力对调制悬架的影响。由于调制悬架利用两侧钢板上的轴套与机架铰接，此工况包括：与悬挂机构连接的轴套承受的向上的拉力；调制悬架下方的滑掌与地面接触带来的水平斜向的摩擦力；地面对其的支持力；与悬挂机构配合的轴套受到的水平纵向力和水平侧向力。

3. 扭转工况

扭转工况模拟与机具作业方向垂直的方向的地表有较大起伏时，调制悬架的一侧悬空，而另外一侧与地面接触时的受力状态。此工况包括：调制悬架与悬挂机构的连接处受到向上的拉力；地面对其部分滑掌的向上的支持力；部分滑掌与地面接触带来的水平内的动摩擦力；自身重力。模拟时将调制悬架的中部固定，在调制悬架两侧与机架铰接的位置分别给定向上和向下的指定位移。调制悬架遭受剧烈的扭转工况一般在低速通过不平整的地面时发生。这种扭转工况下的动载，在时间上变化得缓慢，所以惯性载荷较小。

4. 前倾工况

前倾工况模拟当整个调制压扁台突然前倾时的受力状态。该工况主要由以下几个方面原因引起：当牵引的拖拉机突然制动时，由于割草调制机的机架与拖拉机为近似的刚性连接，此时机架也随拖拉机立即停止前进，割草调制台与机架之间的悬挂机构此时可以吸收部分载荷，但仍有部分力传递至调制悬架;另一个原因是当地表沿着机具作业方向有一个较大的下坡时。此工况包括:调制悬架与悬挂机构的连接处受到向上的拉力;自身重力。

对上述工况载荷分别进行单独运算和多工况组合运算,得到调制悬架各种工况下的 Von Mises 应力云图及变形图,如图 4.28 所示。需要提醒的是,调制悬架的自重,一般以密度和重力加速度的方式施加。由于有限元建模时对某些微小或非关键部件的简化会造成有限元模型的重量小于真实重量,所以在施加载荷时有必要对调制悬架的自重进行补偿。常用的补偿办法有质量补偿、密度补偿和重力加速度补偿,各补偿对应的具体操作是指在有限元模型中相应的简化掉零部件处的节点上设置集中质量单元或增大材料的密度或增大重力加速度。

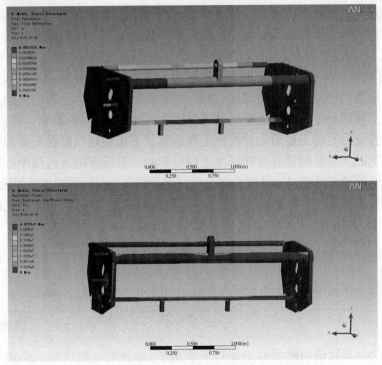

图 4.28 调制悬架的应力分布图及整体变形图

由图 4.28 中可以看出:在各工况下两侧板的内应力和变形量都处在一个较低的水平,不需要进行加强;两侧板与各个横梁的连接处虽然没有发生大的变形,但是都有较大的内应力,这说明在这些地方出现了应力集中的现象,需要修改设计；各个横梁的中部位置的应力水平虽然不高，但都出现了较大的变形，在这些变形中，在下横梁的中部变形最大。由于下横梁的下前方即为割刀作业区域，因此，需要对下横梁进行进一步的优化设计。

二、调制机构的关键参数设计

依据设计要求，上压扁辊和下压扁辊相互啮合转动，而且当上压扁辊和下压扁辊间有异物通过时，上压扁辊可向上运动实现与下压辊的分离，当异物通过后，上压扁辊能自动回转至正常工作位置，保证两个压扁辊仍能恢复到正常啮合状态。实现此过程的自动调节，要求传动系统与作业部件保持相位同步。

因此调制机构的传动系统设计如图 4.29 所示。整机的动力首先传至中心轮 K，再由中心轮 K 输入至两个压扁辊和其他机构。上压扁辊的轴端安装有行星轮 J，行星轮与中心轮通过链轮或同步带等实现同向传动。行星架 L 为"L"形结构，其一端通过可调心球轴承与上压扁辊配合安装，另一端连接弹性阻尼装置，中部与中心轮同轴安装，并能绕其转动。由上述部件组成的行星轮系，使得处在行星轮位置的上压扁辊自由度为 2，既能自转，又可公转。在正常作业时，动力被均匀分配至上压扁辊、下压扁辊、割台轮系和拨禾器轮系，此时上压扁辊只有自转。如遇到障碍时，上压扁辊通过绕中心轮顺时针公转，使障碍物通过，此时大部分的扭矩会转向割台轮系和拨禾器轮系。

假设下压扁辊的角速度为 ω_M，中心轮的角速度为 ω_K，且它们之间的传动比为 i_1，则：

$$i_1 = \frac{\omega_M}{\omega_K} \qquad\qquad 式（4.67）$$

假设上压扁辊在正常作业时行星轮的自转角速度为 ω_J，此时

$$i_1 = \frac{\omega_M}{\omega_K} = \frac{\omega_J}{\omega_K} \qquad\qquad 式（4.68）$$

当上压扁辊遇到障碍而迫使行星架绕 O_3 公转时，假设行星架角速度为 ω_L，行星轮的绝对角速度为 ω'_J，此时的传动过程可分解为行星轮绕两个平行轴转动的合成，现将动参考系固定在行星架上，则行星架绕角速度 ω_L 为牵连角速度，行星轮相对于行星架绕 O_4 转动的角速度 ω_J 为相对角速度。按照点的运动合成公式，行星轮上任意一点 M 的速度：

$$\overrightarrow{v_M} = \overrightarrow{v_e} + \overrightarrow{v_r} \qquad\qquad 式（4.69）$$

式中，牵连速度的大小 $v_e = O_3M \cdot \omega_L$，相对速度的大小 $v_r = O_4M \cdot \omega_J$。

可以看出在每一瞬时，在 O_3O_4 的连线上总可以找到一点 C 为瞬时速度中心，即在点 C，$v_e = v_r$，由式（4.68）、式（4.69）的联立方程可得：

$$O_3C \cdot \omega_L = O_4C \cdot \omega_J \qquad 式（4.70）$$

行星轮的绝对角速度为

$$\omega'_J = \frac{O_3O_4}{O_4C}\omega_L = \frac{O_3C - O_4C}{O_4C}\omega_L \qquad 式（4.71）$$

联立式（4-70）、式（4-71），并考虑角速度的转动方向，可得

$$\omega'_J = |\omega_J - \omega_L| \qquad 式（4.72）$$

上压扁辊在自转和公转同时发生时，下压扁辊的角速度 $\omega_M = \omega_J$，而上压扁辊的角速度变化为 $\omega'_J = |\omega_J - \omega_L|$，为了保证表面两个压扁辊的凸纹不发生干涉碰撞，即要求行星架以 ω_L 的角速度带动上压扁辊在时间 T 内与下压扁辊完全分离。即满足以下方程组：

$$\begin{cases} \omega_L \cdot O_3O_4 \cdot T = R_a - R_f \\ (\omega_J - \omega'_J) \cdot T \leq d \end{cases} \qquad 式（4.73）$$

约去时间 T 即可求出 ω_L。

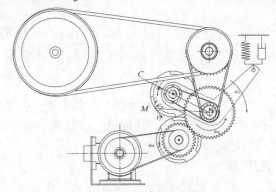

图 4.29　传动机构的传动原理图

三、调制机构的动力学特性分析

1. 调制机构的动力学建模

机构采用行星轮系传动不但增加了机构的自由度，而且在结构上利用中心轮来分配载荷，形成功率分流。机构高速旋转时，受各种动态激励引起的动力学特性是要解决的重要问题。对相关问题的研究，文献研究了齿轮啮合

式的行星轮系的动力学模型，文献对啮合误差、摩擦及均载等非线性问题进行了研究。本节所述机构为带传动式行星轮系，机构的动态激励分为周期激励和冲击激励两类，周期激励主要指上压扁辊在自转过程中引起的激励。与其他行星轮系的不同之处主要在于它的行星轮受到作业部件传递的冲击激励。冲击激励源主要是上下两个压扁辊啮合作业时喂入草条的厚度不均匀产生的动态激励。

建立以 φ 和 γ 为广义坐标的运动微分方程。其中 φ 为上压扁辊绕 O_4 转过的角度，γ 为上压扁辊绕 O_3 转过的角度，J^φ 和 J^γ 分别为上压扁辊对 O_4 和 O_3 轴的转动惯量，C^γ 和 C^φ 分别为上下压扁辊表面、轴承阻尼和传动元件对 O_4 和 O_3 轴的当量阻尼系数，内部阻尼忽略，k 为上压扁辊的刚度，$\sum M^\varphi$ 为外力对 O_4 轴的合力矩，$\sum M^\gamma$ 为外力对 O_3 轴的合力矩，t 为时间变量，上压扁辊的运动微分方程组为：

$$J^\varphi \ddot{\varphi} + C^\varphi \dot{\varphi} + k\varphi = \sum M^\varphi(t) \qquad \text{式 (4.74)}$$

$$J^\gamma \ddot{\gamma} + C^\gamma \dot{\gamma} + k\gamma = \sum M^\gamma(t) \qquad \text{式 (4.75)}$$

上述两式可改写为：

$$\begin{pmatrix} J^\varphi & 0 \\ 0 & J^\gamma \end{pmatrix} \begin{Bmatrix} \ddot{\varphi} \\ \ddot{\gamma} \end{Bmatrix} + \begin{pmatrix} C^\varphi & 0 \\ 0 & C^\gamma \end{pmatrix} \begin{Bmatrix} \dot{\varphi} \\ \dot{\gamma} \end{Bmatrix} + \begin{pmatrix} k & 0 \\ 0 & k \end{pmatrix} \begin{Bmatrix} \varphi \\ \gamma \end{Bmatrix} = \begin{Bmatrix} \sum M^\varphi(t) \\ \sum M^\gamma(t) \end{Bmatrix}$$

$$\text{式 (4.76)}$$

设其解的形式为 $\varphi(t) = Pe^{\lambda t}$，$\gamma(t) = Qe^{\lambda t}$，其中 P，Q 为常数。

假设 λ 为式（4.75）系数矩阵的特征根，方程有非零解的条件是其系数行列式的值为零，即 $D(\lambda) = 0$ (4.76)

式（4.76）展开后得：

$$\lambda^4 + a_1\lambda^3 + a_2\lambda^2 + a_3\lambda + a_4 = 0 \qquad \text{式 (4.77)}$$

式中：a_1，a_2，a_3，a_4 均是由物理参数决定的实数。

在压扁辊达到标准要求的情况下，由于加工误差、轴的刚度、陀螺效应和轴承支撑反力不均匀等因素影响，上压扁辊旋转时会发生径向挠曲或其他复杂变形，从而形成弓形回转。设 O 为理想状态的平衡位置，上压扁辊的质量为 m，几何中心为 O'，重心为 G，偏心距为 e，转动时的径向挠曲为 L。由质心运动定理可得到运动的微分方程：

$$m\ddot{x} + C^\varphi x + kx = m\omega^2 e\cos\omega t \qquad \text{式 (4.78)}$$

$$m\ddot{y} + C^\varphi \dot{y} + ky = m\omega^2 e\sin\omega t \qquad \text{式 (4.79)}$$

对于式（4.78）和式（4.79）中相互耦合的坐标系，可参考文献引入复数 $\chi = x + iy$，用 i 乘以式（4.79）再与式（4.78）相加得到运动方程：

$$m\ddot{\chi} + C^\varphi \dot{\chi} + k\chi = m\omega^2 e \cdot e^{i\omega t} \qquad \text{式 (4.80)}$$

2. 调制机构的动力学计算与分析

由于对压扁辊产生的激励主要为传动系统的振动和物料通过压扁辊的间隙时产生的振动。由于物料本身具有很大的阻尼且该项振动频率较低，因此先忽略该项激励源。假设传动系统的激励为简谐振动，上述方程解的形式为

$$\chi = Ce^{-(m+n)} + Ae^{i\omega t} \qquad \text{式 (4.81)}$$

解上述微分方程并把解代入式（4.81），可得弓形回转的振幅为：

$$V = \frac{m\omega^2 e}{\sqrt{(k - m\omega^2)^2 + \omega^2 (C^\varphi)^2}} \qquad \text{式 (4.82)}$$

对于弓形回转的最大振幅，当其他参数不变时，上式为振幅关于角速度的函数。对上式求导并令导数为零，其含义即为振幅为最值时的角速度的值：

$$\omega_{\max} = \frac{k}{\sqrt{km - \dfrac{1}{2}(mC^\varphi)^2}} \qquad \text{式 (4.83)}$$

把系统的无阻尼固有频率 $\omega_n = \sqrt{\dfrac{k}{m}}$ 代入式（4.81），弓形回转的最大振幅可变形为：

$$\omega_{\max} = \frac{\omega_n}{\sqrt{1 - \dfrac{1}{2}\left(\dfrac{C^\varphi}{\omega_n}\right)^2}} \qquad \text{式 (4.84)}$$

由上式可以看出只有在理想状态下振幅最大的临界转速才与固有频率相等。在现实条件中由于转动轴的摩擦力、啮合阻力等阻尼的存在，临界转速往往大于固有频率。

对于下压扁辊而言，由于其自由度为 1，假设方程解的形式为 $\chi(t) = Se^{\sigma t}$，其中 S 是常数，令方程（4-84）的右侧为零，则式（4.84）的特征方程为：

$$\sigma^2 + \frac{C^\varphi}{m}\sigma + \frac{k}{m} = 0 \qquad \text{式 (4.85)}$$

方程（4.85）的根为：

$$\sigma_{1,2} = -\frac{C^\varphi}{2m} \pm \frac{1}{2}\left[\left(\frac{C^\varphi}{m}\right)^2 - 4\frac{k}{m}\right]^{\frac{1}{2}} \qquad \text{式 (4.86)}$$

当方程的两个根为正实数根时，由于已假设解的形式为 $Ce^{-(m+n)} + Ae^{i\omega t}$，此时式中会出现随时间增加的幂函数，所以运动为不稳定的和非周期性的。如果 σ_1 和 σ_2 为共轭的虚根，则假设其形式为：

$\sigma_1 = p + iq$，$\sigma_2 = p - iq$，且实部与虚部的系数都为实数。

代入方程 (4.85) 得：

$$\sigma^2 + \frac{C^\varphi}{m}\sigma + \frac{k}{m} = (\sigma - \sigma_1)(\sigma - \sigma_2) = \sigma^2 - (\sigma_1 + \sigma_2) + \sigma_1\sigma_2 = 0$$

$$\text{式 (4.87)}$$

所以：

$$\frac{C^\varphi}{m} = -(\sigma_1 + \sigma_2) = -2p \qquad \text{式 (4.88)}$$

$$\frac{k}{m} = \sigma_1\sigma_2 = p^2 + q^2 \qquad \text{式 (4.89)}$$

所以当根的实部 p 为正数时仍为发散的，只有当 p 为负数时 C^φ/m 才为正，运动为稳定状态。

对下压辊而言 m 为正数，只有当 C^φ 大于零时系统才为动力学稳定状态。

由于上压扁辊的自由度为 2，机构在运行过程中可能会离开平衡位置，依据李雅普诺夫对受扰动方程稳定性的定义，当运动随时间变化在某个范围内收敛或保持恒定，则称系统是动力稳定的。对于方程 (4.85) 稳定性的准则是其根 $\lambda_i (i = 1, 2, 3, 4)$ 的实部必须为负。根据 4 次方程的特性和罗斯-霍尔维茨（Routh-Hurwitz）准则，可以得知稳定的充分必要条件是 a_1，a_2，a_3，a_4 均为正且下列行列式的值为正：

$$|a_1| > 0 \qquad \text{式 (4.90)}$$

$$\begin{vmatrix} a_1 & a_3 \\ 1 & a_2 \end{vmatrix} = a_1a_2 - a_3 > 0 \qquad \text{式 (4.91)}$$

$$\begin{vmatrix} a_1 & a_3 & 0 \\ 1 & a_2 & a_4 \\ 0 & a_1 & a_3 \end{vmatrix} = a_1a_2a_3 - a_1^2a_4 - a_3^2 > 0 \qquad \text{式 (4.92)}$$

将具体参数代入上述不等式得到如下不等式组：

$$\begin{cases} mC^\gamma > 0 \\ kmC^{\gamma\,2} - m^2\omega^2 > 0 \end{cases} \qquad \text{式 (4.93)}$$

求解上式得到以下条件：

$C^\gamma > 0$ 且 $\sqrt{k/m}\,C^\gamma > \omega$，这两个条件表明当上压扁辊的转速低于第一临界转速前是稳定的，当大于第一临界转速后系统的阻尼 C^γ 引起其不稳定。

在上压扁辊的工作过程中受到的激励的频率由于作业条件的变化也随着变化，而且压扁辊的转速并非一成不变的，而是在一个范围内变化，因此某些条件下的共振是不可避免的，此外，当上压扁辊遇到障碍向上公转后会导致机构的不稳定。为了使上压扁辊能以最短的时间回复原位并不发生摆振现象，这就需要引入一个隔振器来抑制其振动。由于上压扁辊具有两个自由度，这就需要隔振器的一部分能够随压扁辊轴一起运动。所以设计了一个弹簧隔振器。

3. 压扁辊的模态分析

在完成压扁辊的三维 CAD 建模后，对其进行网格划分，分别用超弹性材料模拟橡胶部分，用线弹性模拟轴及内部的金属结构。并根据材料的实际密度、弹性比例极限、强化准则等参数进行设定。对于橡胶和金属的结合部分，采用固连节点的方法进行处理，以不改变部件的质量和刚度分布为原则建立其有限元模型进行模态分析。应用 ANSYS 软件对模型进行模态分析，并采用 Block Lanczos 模态提取方法得到机构的各阶固有频率如图 4.30 所示。

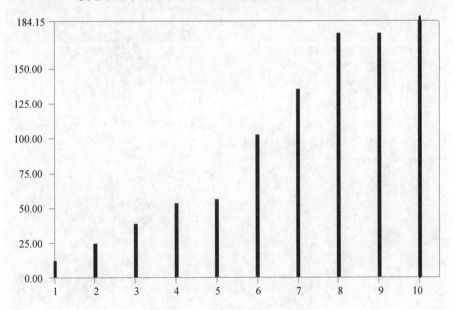

图 4.30　机构各阶模态的固有频率

提取压扁辊的前6阶模态的振型如图4.31所示。由图形可以看出第1阶、第3阶和第4阶模态的振型为沿着压扁辊径向方向的振动，由于压扁辊绕着多轮轴具有旋转的自由度，当发生共振时压扁辊可以绕惰轮轴弹开，因此上述振型对机构的稳定性影响较小。第3阶，第5阶和第6阶模态的振型为沿着压扁辊中心轴方向的振动，由于压扁辊在此方向上为刚性连接，无自由度，当发生共振时压扁辊具有较大的惯性，因而可以轻易地损坏其连接部件。对于压扁辊的支撑架而言，由于安装尺寸的限制无法通过增加尺寸来提高强度，所以必须避免第3阶，第5阶和第6阶共振。

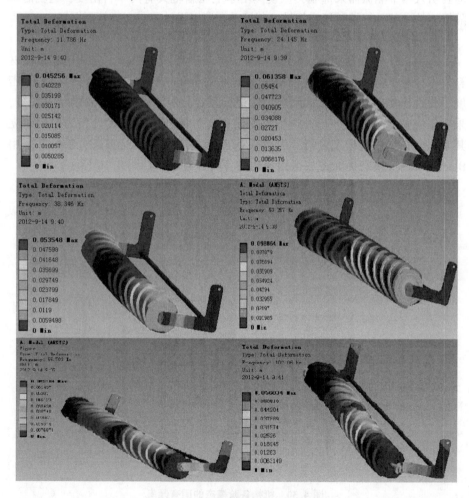

图4.31　上压扁辊的前6阶振型

第五节　悬挂机构的设计与尺寸综合

一、悬挂机构的型式综合与尺寸综合

悬挂机构是割草调制机上的重要组成部分，它把机架和调制压扁机构弹性地连接在了一起。其主要功能是承受压扁机构对机架带来的力和力矩；尽量减小调制压扁机构与地面的摩擦力；保证作业部件在遇到地表起伏变化时能够尽量仿形，并保持良好的运动特性。

悬挂机构主要由连杆，弹性元件，液压提升装置组成。根据农艺要求对悬挂机构的设计主要有以下要求：①保证整机在遇到地表起伏时，具有良好的仿形能力；②在仿形的同时具有良好的衰减上下振动的能力；③当牵引的拖拉机突然制动或加速时，要减小调制压扁机构的前倾，防止损坏割草部件；④在满足强度和寿命要求的同时尽量减小零部件质量，结构紧凑，占用尽可能小的空间。

依据牧草收获的农艺作业要求和 GB/T 21899—2008 规定，该机构的相关设计条件和设计要求有如下。

（1）拖拉机后悬挂点的上下浮动范围：$300\text{mm} \leqslant h_0 \leqslant 700\text{mm}$。

（2）轮胎半径 $r = 400\text{mm}$。

（3）割台为适应不同地形和不同长势的牧草，要求浮动割台的最下端的变化范围 $h_1 \in [10\text{mm}, 200\text{mm}]$，割刀平面与水平面之间在前后方向的夹角 α 能够在 ±15° 之间变化。

（4）为了运输安全的要求及机具在田间和道路上被牵引过程中的通过能力，要求调制压扁台在运输时离地高度 $h_2 \geqslant 200\text{mm}$。

（5）要求调制压扁台在处于最下极限位置时，调制压扁台与地面接触力接近"零"，以减小与地面接触时的冲击力。

（6）要求割台上下浮动时的速度尽量均匀，以满足均匀的割茬高度的农艺要求。

在确定设计要求后，根据悬挂机构所要完成的功能，进行功能分解，即总功能分解为若干个分功能，然后依据各个功能要求进行选择机构，进而进行运动规律分析。通过进行运动分析检验机构是否符合各功能的运动要求。如果机构的形式可以满足要求，则进行各部件的尺寸综合。根据机械原理悬挂机构要求的运动规律可以用凸轮或者连杆机构可以实现。由于凸轮机构是点线接触，当承载的载荷很大时其接触的地方相互作用力很大，非常容易发生磨损或疲劳断裂，此外，当被动机构要求的工作行程较长时，就需要一个很大的凸轮机构，会造成加工困难和使用不方便，因而不采用凸轮机构而采用连杆机构。由连杆机构的结构特性可知连杆机构的运动是连续的，在摆动过程中可以使得其中一个连杆保持比较均匀的摆动速度。所以悬挂机构首先确定机构形式为上下双连杆悬挂机构，两连杆后端与机架连接，两连杆前端与调制悬架连接，弹性元件的一端配合安装在连杆的前轴孔处，另一端挂接在机架上。液压提升装置一端铰接在机架上，另一端铰接在上连杆上。装配后机构的运动学模型如图 4.32 所示。

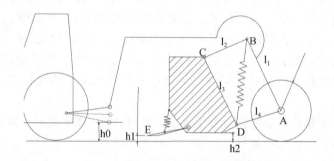

图 4.32　悬挂机构的运动学模型

在此模型中，机架可以看作为连杆机构的一个臂，调制压扁台也看作连杆机构的一个臂，与悬挂机构的两个连杆综合后即组成一个四连杆机构。在此机构中，弹性元件对悬挂机构的作用力即为驱动力，调制压扁台和机架尺寸为已知条件，上下连杆的长度及摆动角度，角速度和角加速度即为设计变量。

对悬挂机构进行位移分析，首先引入复数矢量。假设 a 为矢量的模，θ 为矢量的方向角，a_x 为矢量在实轴上的投影，a_y 为在虚轴上的投影。

$$
\begin{aligned}
a_j &= a_{jx} + ia_{jy} \\
&= a\left[\cos(\theta + \theta_j) + i\sin(\theta + \theta_j)\right] \\
&= ae^{i(\theta + \theta_j)}
\end{aligned}
\qquad 式（4.94）
$$

当 $\theta_j = \pi/2$ 时，

$$
\begin{aligned}
a_j &= a\left[\cos(\theta + \pi/2) + i\sin(\theta + \pi/2)\right] \\
&= aie^{i\theta}
\end{aligned}
\qquad 式（4.95）
$$

当 $\theta_j = \pi$ 时，

$$a_j = a\left[\cos(\theta + \pi) + i\sin(\theta + \pi)\right]$$
$$= -aie^{i\theta} \qquad\qquad 式（4.96）$$

由此可以得出，当某复数矢量沿逆时针方向旋转 90° 时，新矢量等于原矢量乘以虚数 i；沿逆时针方向旋转 180° 时，新矢量等于原矢量的负数。

将原矢量对时间进行求导可得：

$$\frac{d(ae^{i\theta})}{dt} = a\theta' ie^{i\theta} + a'e^{i\theta} \qquad\qquad 式（4.97）$$

式中：$a\theta'$ 表示切向速度；

a' 表示法向速度。

将矢量对时间求二阶导，可得：

$$\frac{d^2(ae^{i\theta})}{dt^2} = \frac{d(a\theta' ie^{i\theta} + a'e^{i\theta})}{dt} \qquad\qquad 式（4.98）$$
$$= -(a\theta'^2)e^{i\theta} + (a\theta'')ie^{i\theta} + a''e^{i\theta} + 2(a'\theta')ie^{i\theta}$$

式中：实部第一和第三项分别表示牵连径向速度和相对加速度；虚部第二和第四项分别表示切向速度和科氏加速度。

对悬挂机构建立由 $l_1 l_2 l_3 l_4$ 组成的四连杆机构，由设计条件可知：其中 l_1 和 l_3 的长度为已知条件，$l_2 = l_4$ 且为未知。依据上述理论可得：

$$l_1 e^{i\varphi_1} + l_2 e^{i\varphi_2} + l_3 e^{i\varphi_3} + l_4 e^{i2\pi} = 0 \qquad\qquad 式（4.99）$$

由于单位矢量 $e^{i\varphi} = (\cos\varphi + i\sin\varphi)$

由于实部和虚部必须都等于零，可得：

$$l_1\cos\varphi_1 + l_2\cos\varphi_2 + l_3\cos\varphi_3 + l_4 = 0$$
$$l_1\sin\varphi_1 + l_2\sin\varphi_2 + l_3\sin\varphi_3 = 0 \qquad\qquad 式（4.100）$$

对上述方程组进行消元，消去 φ_2 可得：

$$(l_4 + l_1\cos\varphi_1)\cos\varphi_3 + l_1\sin\varphi_1\sin\varphi_3 + \frac{(l_4 + l_1\cos\varphi_1)^2 + (l_1\sin\varphi_1)^2 + l_3^2 - l_2^2}{2l_3} = 0$$

$$式（4.101）$$

令 $E = l_4 + l_1\cos\varphi_1$，

$F = l_1\sin\varphi_1$，

$G = \dfrac{E^2 + F^2 + l_3^2 - l_2^2}{2l_3}$，

对上式进行化简。再对 φ_3 进行以下三角变换：

$$\cos\varphi_3 = \frac{1 - \tan^2\left(\dfrac{\varphi_3}{2}\right)}{1 + \tan^2\left(\dfrac{\varphi_3}{2}\right)}, \quad \sin\varphi_3 = \frac{2\tan^2\left(\dfrac{\varphi_3}{2}\right)}{1 + \tan^2\left(\dfrac{\varphi_3}{2}\right)} \qquad \text{式 (4.102)}$$

得到：

$$\tan\left(\frac{\varphi_3}{2}\right) = \frac{F \pm \sqrt{F^2 + E^2 - G^2}}{E - G} \qquad \text{式 (4.103)}$$

回代后得到：

$$\frac{\sin\varphi_2}{\cos\varphi_2} = \frac{F + l_3\sin\varphi_3}{E + l_3\cos\varphi_3} \qquad \text{式 (4.104)}$$

在上式中角度为已知量，将各连杆长度代入可得到 l_2 和 l_4 的长度。

将式（4.99）对时间进行求导可得：

$$l_1\varphi_1{}'e^{i\varphi_1} + l_2\varphi_2{}'ie^{i\varphi_2} + l_3\varphi_3{}'ie^{i\varphi_3} = 0 \qquad \text{式 (4.105)}$$

对上式乘以 $e^{-i\varphi_2}$ 得到：

$$\omega_3 = \omega_1\frac{l_1\sin(\varphi_1 - \varphi_2)}{l_3\sin(\varphi_2 - \varphi_3)} \qquad \text{式 (4.106)}$$

式中：ω_1 为驱动角速度，ω_3 为下连杆提升的角速度。

在得到上述参数后，虽然可以求得下连杆的提升高度并验算其是否满足设计要求，但由于 l_3 所在的调制压扁台为一个体积较大的刚体，而位于其下前端的浮动割台的运动规律能否满足设计要求仍需要进一步分析。根据设计要求，为了适应不同长势的牧草浮动割台的割刀平面需要在前后方向上具有一个较大的角度变化。此外，为了运输安全和割台具有一个较好的作业条件，需要调制压扁台在下降时其前端尽量前倾，这样能够使机具在收获比较茂密的牧草时达到良好的作业状态，而在调制压扁台提升时其下前端能够后仰，这样能够避免机具在非作业状态时，割刀碰触到低矮的障碍物。为此，建立浮动割台运动规律的机构模型如图4.33所示。在该模型中，为了方便得到浮动割台处的坐标表达式，将调制压扁台简化为一个三角形，点 E 的位置即为割刀所在位置。点 E 的运动规律即为割刀的位置和姿态。图中坐标系的原点为下连杆与机架的铰接点，机架上两个轴孔的连线为 y 轴，线段 CE 的长度为 m，线段 DE 的长度为 n，其他符号沿用图4.32中的标示。

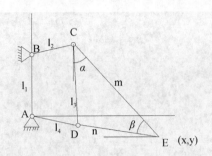

图 4.33 浮动割台的机构参数

由图中的几何关系可知 C 点坐标的表达式为：

$$\begin{cases} x_c = x - m\sin\alpha \\ y_c = y - m\cos\alpha \end{cases}$$ 式（4.107）

由于 C 点轨迹是一个以 l_2 为半径的圆，即

$$x_c{}^2 + (y_c - l_1)^2 = l_2{}^2$$ 式（4.108）

将式（4.107）代入式（4.108）得到：

$$(x - m\sin\alpha)^2 + (y - m\cos\alpha - l_1)^2 = l_2{}^2$$ 式（4.109）

同样道理可得 D 点坐标的表达式为：

$$\begin{cases} x_D = x - n\cos(\dfrac{\pi}{2} - \alpha - \beta) = x - n\sin(\alpha + \beta) \\ y_D = y - n\sin(\dfrac{\pi}{2} - \alpha - \beta) = y - n\cos(\alpha + \beta) \end{cases}$$ 式（4.110）

D 点的轨迹为：

$$x_D{}^2 + y_D{}^2 = l_4{}^2$$ 式（4.111）

将式（4.110）代入式（4.111）得到：

$$[x - n\sin(\alpha + \beta)]^2 + [y - n\cos(\alpha + \beta)]^2 = l_4{}^2$$ 式（4.112）

由于 β 角已知，联立式（4.109）和式（4.112）可求出 $\sin\alpha$ 和 $\cos\alpha$ 的值。

再代入式

$$\sin\alpha^2 + \cos\alpha^2 = 1$$ 式（4.113）

得到 E 点的曲线方程。

依据上述原理建立三种连杆机构的运动学模型导入 Adams 软件进行分析和评价。第一种机构的模型如图 4.34 所示。其参数为 $l_1 > l_3$，$l_2 = l_4$，最长杆 l_1 与最短杆 l_2（l_4）长度之和大于其他两杆之和。

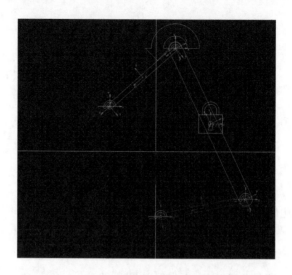

图 4.34 第一种机构的运动学模型图

经分析后得到调制压扁台的运动轨迹图，如图 4.35 所示。其中，红色实线的轨迹为浮动割台的轨迹，暗红色虚线为调制压扁台上铰接轴的轨迹，蓝色虚线为调制压扁台下铰接轴的轨迹。从图中可以看出该机构参数产生的浮动割台所在的点（marker 11）在连杆提升的时候不但没有及时提升，反而下降了一些后才开始升高，因此不符合设计要求。

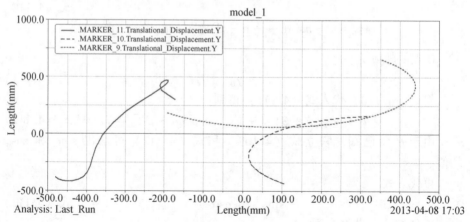

图 4.35 第一种机构的运动轨迹图

第二种机构的模型如图 4.36 所示。其参数为 l_1 杆长不变，$l_1 > l_3$，$l_2 < l_4$，

最长杆 l_1 与最短杆 l_2 长度之和小于其他两杆之和。

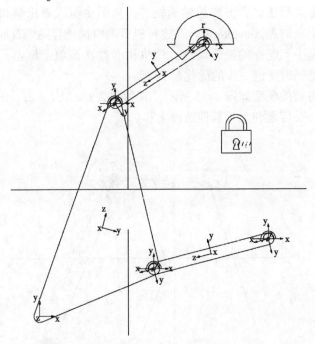

图 4.36   第二种机构的运动学模型图

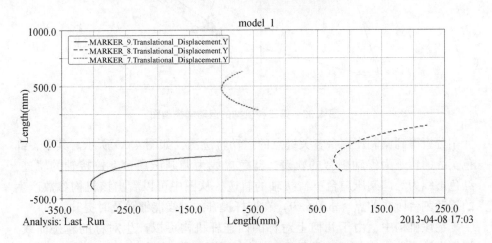

图 4.37   第二种机构的关键点运动轨迹图

分析得到调制压扁台各关键点的运动轨迹图，如图 4.37 所示。其中，红色实线的轨迹为浮动割台的轨迹，暗红色虚线为调制压扁台上铰接轴的轨迹，蓝色虚线为为调制压扁台下铰接轴的轨迹。从图中可以看出该机构参数产生的浮动割台所在的点（marker 9）在连杆提升的时候能够随着及时提升，但是提升高度还是小于连杆的提升高度。该机构参数在该项指标上虽然优于第一种机构，但是仍需要进一步的优化。

第三种机构的模型如图4.38所示。其参数为$l_1 < l_3$，$l_2 = l_4$，最长杆l_3与最短杆l_2（l_4）长度之和大于其他两杆之和。

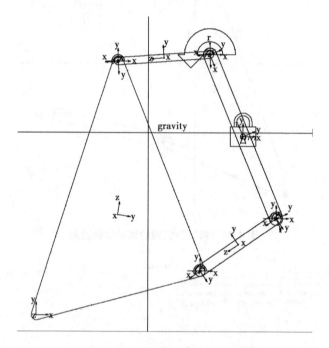

图4.38　第三种机构的运动学模型图

分析得到调制压扁台各关键点的运动轨迹图，如图4.39所示。其中，红色实线的轨迹为浮动割台的轨迹，蓝色虚线为调制压扁台上铰接轴的轨迹，红色虚线为为调制压扁台下铰接轴的轨迹。从图中可以看出该机构参数产生的浮动割台所在的点（marker 9）在连杆提升的时候能够随及时提升。

在该机构中，由于几何上对称的四连杆机构可以产生对称的轨迹曲线，根据设计要求E点的轨迹尽量为一个钝角的等腰三角形，当机具处于作业状态时，浮动割台最好位于等腰三角形的顶点位置，当需要收获茂密的高水分牧草时，浮动割台的轨迹为等腰三角形顶点的下侧，机具提升时，浮动割台的轨迹为等腰三角形的上侧边。需要注意的是，该机构能够快速的提升浮动割台也意味着在用相同速度放低浮动割台时，浮动割台的下降速度也比较快，因此，需要在设计液压提升装置时注意该项设计要求。

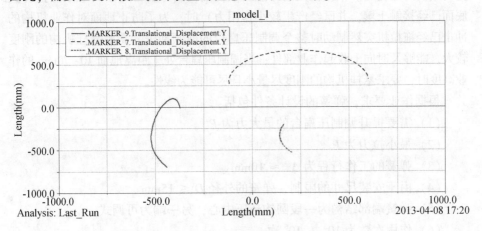

图 4.39　第三种机构的关键点运动轨迹图

二、悬挂机构弹性元件的分析与设计

悬挂机构的连杆尺寸确定后，需要对弹性元件进行设计。首先需要设计的是弹性元件的布置方案。弹性元件在机架与调制压扁台之间可以垂直布置也可以斜拉布置，采用前者时，由于安装空间的限制，其最大变形量受到一定的限制，所以采用后者。对于弹性装置的挂接点的选择，主要遵循以下原则：①保证实现功能的同时，尽量减小挂接处零部件的内应力；②挂接点的选择应当方便弹性元件的安装和拆卸；③弹性元件的安装位置尽量能够对称。根据以上原则选择弹性元件的一端挂接在下连杆的前轴上，另一端连接在机架的横梁上。由于弹性元件工作一段时间后可能产生疲劳变形可能引起弹性系数的变化，为了防止由此产生的弹性元件工作性能的变化，增加安装和拆卸方便程度，弹性元件的上端采用可调式的结构。为了减小挂接机构的内应力保证被悬挂装置的左右平衡，弹性元件采用左右两侧多组弹簧的悬挂形式。

对于悬挂机构的弹性特性而言，悬挂机构受到调制压扁台的的外力作用，由此引起调制压扁台相对于机架的位移关系即为弹性特性曲线。该曲线的斜率即为悬挂机构的刚度。由于弹性元件采用的是弹簧元件，所以弹性特性曲线必然存在着近似线性的和非线性的部分。当悬挂机构所受外力与其伸长量成线性比例关系时，弹性特性呈直线形式，此时悬挂机构的刚度为常数。当悬挂机构所受外力与其伸长量的关系为非线性时，此时的弹性特性曲线为曲线，悬挂机构的刚度是变化的。根据机具的作业要求，当调制压扁台处于其下限位置（其底面已经接触土壤，并已经产生较小作用力）时，为了防止地面对作业机构的冲击已经拖拉机突然制动时整个调制压扁台的前倾冲击，需要悬挂机构的刚度较大，能够及时向上收起作业部件；当调制压扁台处于距离地面 10~70mm 的作业高度时，要求悬挂机构的刚度尽量小且尽可能为线性。

根据作业要求，弹簧的设计条件包括：

（1）需要提升调制压扁台的最大力为 P_n。

（2）最小拉力为 P_1。

（3）弹簧的工作行程为 $\Delta x \approx 10mm$。

（4）由于安装尺寸的限制，弹簧的外径 $D \leqslant 15mm$。

（5）弹簧端部结构为一段圆钩环压中心，另一端为可调式。

（6）作用次数为 $10^3 \sim 10^6$ 次。

弹性元件为四组悬挂弹簧并联，总刚度假设为 K，弹簧在载荷 F 作用下，系统产生的总的形变为 Δx，且其静力学平衡方程为：

$$F = k_1\Delta x + k_2\Delta x + k_3\Delta x + k_4\Delta x \qquad 式（4.114）$$

假设这四个弹簧等效为一个弹簧，其刚度即为总刚度 K，可得到此等效弹簧的平衡方程：

$$F = K\Delta x \qquad 式（4.115）$$

联立式（4.114）和式（4.115）可得到并联弹簧的刚度表达式：

$$K = k_1 + k_2 + k_3 + k_4 \qquad 式（4.116）$$

根据设计条件，把弹簧受到的力进行平均分解，得到单个弹簧的受力情况，对单个弹簧先初略确定弹簧的刚度为：

$$\tilde{K} \approx \frac{P_n - P_0}{\Delta x} = 52.75\text{N/mm} \qquad 式（4.117）$$

根据设计要求，弹簧的受循环载荷作用的次数小于 10^6次，根据设计经验此类弹簧的载荷类型为 Ⅱ 类，参考文献中的经验计算公式，弹簧工作的极限载荷为：

$$P_j \geqslant \frac{1.25P_n}{0.8} = 11\ 492\text{N} \qquad 式（4.118）$$

弹簧的钢丝直径：

$$d \geqslant 1.6 \sqrt{\frac{P_n KC}{\tau}} = 10.286 \text{mm} \qquad \text{式（4.119）}$$

式中，KC 为材料参数，τ 为许用切应力。根据上式结果选取弹簧的直径为 12mm。

由此可求出弹簧的有效圈数：

$$n = \frac{Gd^4 \Delta x}{8(P_n - P_0) D^3} = 28 \qquad \text{式（4.120）}$$

弹簧的刚度：

$$K = \frac{Gd^4}{8D^3 n} \qquad \text{式（4.121）}$$

最小载荷下弹簧的变形量和最大载荷下弹簧的变形量分别为：

$$\Delta x_1 = \frac{P_1 - P_0}{K} \qquad \text{式（4.122）}$$

$$\Delta x_n = \frac{P_n - P_0}{K} \qquad \text{式（4.123）}$$

式中：P_0 为弹簧的初拉力，可从弹簧的材料手册中查到。

最终得到单个弹簧的具体参数如图 4.40 所示。

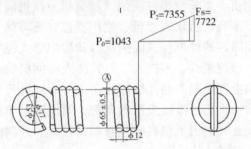

图 4.40　弹簧的设计图

第五章 圆捆机关键部件

第一节 概 述

圆草捆打捆机是一种主要用于田间稻、麦、玉米或牧草等饲草的收获作业的机器，适合于在各类天然草场、种植草场以及农田进行作业。圆柱形草捆成形后，为防止草捆散落，必须在成形室内形成的圆草捆的外表面上均匀地缠绕捆绳或者丝网。就捆绳和采用丝网缠绕圆草捆相比较而言，缠绕草捆消耗的时间约为捆绳方式的一半，草捆包裹得更牢固，从而在搬运和运输过程中不易散落。草捆缠网工艺已经逐渐代替捆绳工艺逐渐普遍应用于各种类型的打捆机中。

圆捆机的问世始于20世纪60年代，由德国Vermeer公司率先在北美市场推出了第一台圆捆机，属长皮带内缠绕式圆捆机。该机问世后，与小方草捆机相比较具有生产率高、劳动强度低、使用操作方便等优点。此后相继发明了成捆室腔体外径固定的外缠绕式圆捆机。其结构形式经过不断地发展和演变目前有辊筒式、短皮带式、辊杠式。外缠绕式圆捆机的缺点是草捆外径固定，生产厂家必须生产系列产品才能满足用户对不同外径尺寸的需要。在草捆的包裹方面，圆捆机仍然继续发展和完善，继绳网包卷草捆技术以后为实现圆草捆的青贮作业又出现了塑料膜包卷草捆技术。圆捆机经历多年的发展和演变，目前技术已经比较成熟。

第二节 圆捆机的分类及原理

圆捆机从成形原理上分为外缠绕式和内缠绕式。从结构形式上外缠绕式又可分为辊筒式、短皮带式、辊杠式；内缠绕式又可分为长皮带式、链杆式。

一、外缠绕式圆捆机结构及工作过程

（1）辊筒式外缠绕圆捆机的工作过程。在田间作业过程中，随着机器的

运转和前进，捡拾器的弹齿将地面草条捡拾起来，经喂入机构送入成捆室，在旋转辊筒的作用下物料旋转形成草芯。随着越来越多的物料进入成捆室并不断的旋转逐渐形成圆捆。继续捡拾，物料将在圆捆外圆周上缠绕，压力也不断增高，当压力达到规定值时即形成了外紧内松的圆草捆时机组停止前进，驾驶员操纵捆绳机构进行捆绳作业。捆绳作业完成后开启后门将草捆经卸草器弹出落到地面。合上后门继续前进进行下一个圆草捆的卷制作业。

（2）总体结构包括辊筒，辊筒是此类结构圆捆机的主要工作部件，由钢板制成。为增加摩擦力，表面压制成不同形式的凸起。辊筒直径在 200～300mm 选用，线速度在 2.0～2.3m/s，材料一般采用冷轧普通碳素钢板。捡拾器，捡拾器的功能是将地面铺放的草条捡拾起来并输送到喂入口。圆捆机捡拾器一般采用四排弹齿滚筒式结构。捡拾器与机架联接并用钢丝绳悬挂，高度可通过提升油缸进行无级调节，浮动用减振器来完成。为减少捡拾损失，大多数圆捆机均采用加宽捡拾器来解决。由于各类圆捆机的结构不同，所以捡拾器的结构也不尽相同。捡拾器弹齿外圆周（弹齿端点）线速度一般为 1.3～2.0m/s。喂入机构，喂入机构的功能是将捡拾器输送的物料喂入成捆室。喂入机构采用曲柄摇杆机构。成捆室，成捆室的功能是使物料不断地旋转逐渐形成圆草捆。成捆室采用辊筒式结构。捆绳机构，捆绳机构的功能是在成捆室内形成的圆草捆的外表面上均匀地缠绕捆绳，以便防止圆草捆在搬运和运输过程中散落。卸草器，卸草器的功能是将在成捆室内形成的圆草捆弹出以便顺利闭合后门。在后门开启的同时圆草捆在旋转辊筒的作用下脱离成捆室滑落到卸草器上，圆草捆的重力使卸草器后端接触地面，使卸草器与地面形成一定的倾角，促使圆草捆滚落到地面与圆捆机后门产生一段距离，从而可将后门顺利闭合。卸捆后卸草器回复原位。

（3）短皮带式圆捆机的工作原理与辊筒式基本相同。由于皮带属柔性材料，使用过程中会产生变形，皮带张紧度应能够进行调整。短皮带式圆捆机的皮带线速度为 2.0～2.3m/s。

（4）辊杠式圆捆机的工作原理及操作过程与辊筒式和短皮带式圆捆机基本相同。此类结构的圆捆机由套筒滚子链上安装一系列辊杠构成成捆室。滚子链在圆形固定的轨道上运动。内轨道决定成捆室的形状和尺寸。通过辊杠主动控制轮驱动套筒滚子链运动。

（5）绳网。用绳网包卷草捆能够使草捆表面更规则，搬运和运输过程中更不易散落。由于捆绳缠绕形式不适用于采用切碎装置喂入的圆捆机，所以绳网包卷草捆技术已经普遍的应用于各种类型的圆捆机中。绳网包卷草捆外形见图 5.1。

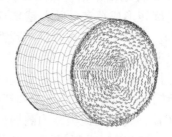

图 5.1 绳网包卷圆草捆示意图

（6）切碎装置。切碎装置也属于喂入机构的一种形式。草捆缠膜青贮目前已经广泛使用。割后饲草晾晒至含水率 55%左右进行草捆青贮作业时，使用可控制切碎长度的切碎喂入装置，省去了饲喂前切碎饲草工序，使用更加方便。出于保证缠膜青贮牧草质量和减少牧草加工工序的要求，目前圆捆机无论是外缠绕式还是内缠绕式，均广泛地采用了这种结构形式的喂入机构，见图 5.2。

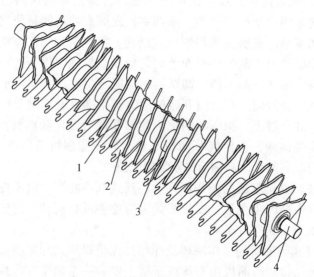

图 5.2 切碎装置结构简图

二、内缠绕式圆捆机的结构及工作过程

1. 长皮带式内缠绕圆捆机

它总体结构是由绕过一系列皮带辊筒的长胶带组、控制臂以及成形辊筒组成。在田间作业过程中，随着机器的运转和前进，捡拾器弹齿将地面草条捡拾起来，经喂入机构送入由上下辊筒和长皮带组成的成捆室。在上下辊筒和长皮带的共同作用下物料旋转形成草芯。随着越来越多的物料进入成捆室并在上下辊筒和长皮带的共同作用下不断地旋转逐渐形成圆捆。继续捡拾，圆捆直径不断增大，当直径增大到控制臂的设定值时即形成了圆草捆。操纵捆绳机构进行捆绳作业，捆绳作业完成后开启后门将草捆经卸草器弹出落到地面。合上后门继续前进进行下一个圆草捆的卷制作业。

2. 链杆式内缠绕圆捆机

此类结构圆捆机的结构与皮带式类似。成捆室主要是由上链和下链组成。上链由主动链轮绕过张紧臂链轮、上链轮、后链轮和凸轮构成环形链，其功能类似于长皮带式圆捆机中的长皮带。卷捆过程也与长皮带式圆捆机基本相同。主要区别是下链较长，主动链轮和后链轮间距较大，草捆在形成过程中始终不离开下链。此外，还设有导草弹簧板和草芯形成凸轮，可以在开始捆草时快速的形成草芯。草芯增大后利用草芯侧压将凸轮推入侧壁，使上链与草芯接触上下链共同作用，继续卷压草捆直至形成圆草捆。

3. 双室圆捆机（不停机型圆捆机）

双室圆捆机在工作时可以连续作业，不用在捆绳和卸捆时停车，从而使圆捆机的生产率大幅度提高。目前，Claas、New Holland、John Deere 和Vermeer等公司均在开发研制各具特色的此类机具。双室圆捆机的前卷压室和后卷压室能够联通也可以断开。在后卷压室的物料还没有达到所规定圆草捆的尺寸和密度前，前后卷压室是联通的，物料通过下输送带直接进入后卷压室。当后卷压室的物料已达到所规定圆草捆的尺寸和密度时，前后卷压室断开，此时后卷压室的圆草捆开始捆绳或包卷绳网。而此时圆捆机仍继续前进捡拾物料，在前卷压室形成草芯。后卷压室的圆草捆捆绳或包卷绳网完成并卸出，后门关闭后，前后卷压室联通，草芯进入后卷压室重复上述操作。

第三节　圆捆机缠网装置的创新设计

目前，欧美国家对圆草捆打捆机的缠网技术研究比较深入，但主要集中

在作业效果研究、干草捆打捆机缠网损失研究和提高自动化水平等方面。国内在这方面还处于起步阶段，现有的草捆缠网装置多以捆绳方式为主，操作方式比较落后，作业速度慢，影响了打捆作业的效率，而且操作人员需要近距离操作，不利于操作人员的人身安全。与此相关的研究主要有：文献研究了圆草捆打捆机的控制系统，但针对捆绳方式；文献提出了利用嵌入式控制器控制的缠网机构，而对于作业过程中的异常情况缺乏处理，且装置安装分散不易维护。本节介绍一种新型的圆草捆自动缠网装置设计，该机构采用机械结构与控制电路相结合，实现了对圆草捆自动缠网、切网作业。

1. 结构与工作原理

该装置包括：控制电路，凸轮机构，引网作业模块，缠网计数模块，切网作业模块，连杆组合。其中引网作业模块，缠网计数模块，切网作业模块为作业执行部分，控制电路判断和控制凸轮机构运行，凸轮机构兼具向执行机构传递位移和向控制电路反馈的功能，凸轮结构产生的位移经连杆组合传递并缩放后输出到执行机构。其结构如图5.3所示。

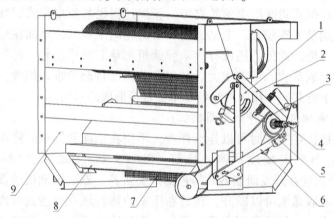

1. 凸轮机构　2. 连杆　3. 引网作业模块　4. 计数螺杆　5. 喙刀
6. 计数杆　7. 丝网　8. 切刀　9. 机架

图5.3　圆草捆自动缠网装置的结构示意图

机架的上方安装有缠绕丝网的丝网辊；机架两侧壁之间设置有引网作业模块，该模块由内向外伸出一轴，上设可绕其转动的直角连杆和带轮；凸轮机构固定在侧壁上的凸轮轴上，由电机驱动其转动；两个连杆通过其末端的套筒和凸轮高副接触；缠网计数模块包括计数杆、喙刀和计数螺杆，其中，计数杆的一端设有两个孔，另一端并排设置有两个短杆，两个短杆分别与喙刀上的圆孔嵌套，并和喙刀的弧形凹槽嵌套，喙刀的刀口卡在计数螺杆的螺纹凹槽内，喙刀与计数螺杆配合用于记录下引网作业模块转过的圈数；切网作业模块安装在机架下部并与缠网计数模块通过连杆相结合，主要包括切刀及相关连接附件。

　　工作时，位于打捆部位的传感器检测圆草捆是否符合打捆要求，是则根据行程开关和手动作业开关的信号，控制电机转动，电机转动带动凸轮机构动作；引网作业模块根据凸轮机构输出的位移将丝网引入到成形室内；与此同时，缠网计数模块根据凸轮机构输出的位移确定开始记录缠网圈数的时间，并对所缠的丝网圈数进行计数；然后切网作业模块根据缠网计数模块发送的信号将丝网切断。装置的功能框图如图5.4所示。

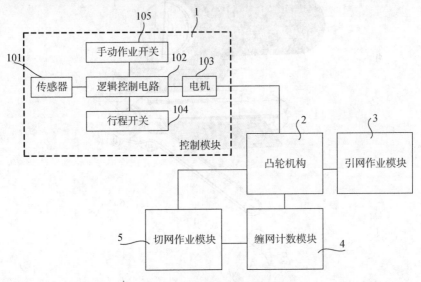

图5.4　装置的功能框图

2. 关键部件的设计与分析

　　圆草捆自动缠网装置的设计主要包括以下过程：首先依据机构的工作原理、各作业执行部分的动作要求和总体布局要求，设计了作业执行部分的结构和动作参数，根据圆周运动具有周期性的特点，引网作业模块、缠网计数模块、切网作业模块均采用旋转机构实现工作循环；然后根据上述参数求出与凸轮机构直接接触的从动件的结构尺寸及输出运动参数，由于摆动式的凸轮从动件允许压力角较大，连杆机构可以将摆动从动件的角位移放大，凸轮从动件的结构形式设计为摆动连杆式；最终依据从动件运动参数和结构尺寸，设计出凸轮的轮廓。

一、引网作业模块的设计

如图5.5所示，引网作业模块主要包括：引网连杆、上引网辊、下引网辊、直角连杆、带轮、张紧轮、拉弹簧以及折弯连杆。其中上引网辊和下引网辊平行设置并且紧密接触，使得丝网与下引网辊之间的摩擦力尽可能大。下引网辊的轴端设有直角连杆和带轮，其中直角连杆可以绕下引网辊轴自由转动，带轮固定在下引网辊轴上；直角连杆靠近皮带的直角端设有张紧轮。折弯连杆的一端与引网连杆铰接另一端连接弹簧。

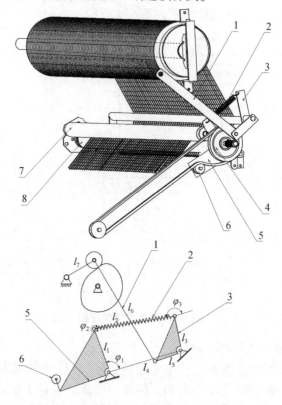

1. 引网连杆　2. 拉弹簧　3. 折弯连杆　4. 带轮　5. 直角连杆
6. 张紧轮　7. 下引网辊　8. 上引网辊

图5.5　引网作业模块

该模块中引网连杆、折弯连杆和直角连杆的作用为：改变凸轮机构输出的位移的方向并放大位移的长度，使得张紧轮获得在上下方向上的较大行程。

作业时，凸轮机构经过其从动件拉动引网连杆向上动作，引网连杆带动折弯连杆绕折弯连杆轴转动，折弯连杆通过拉弹簧带动直角连杆绕下引网辊轴转动，直角连杆带动张紧轮向上运动并张紧皮带，带轮带动下引网辊转动，丝网在引网辊的摩擦下落入打捆机构，完成引网作业。

依据上述工作原理及机构设置，建立引网作业模块的机构运动学模型，通过运动学分析确定凸轮机构的运动参数并检验机构是否符合装配及运动要求。如图 5.5 所示，先初步设计各杆件的尺寸及最终角位移 φ_1，对 $l_1 l_2 l_3 l_4$ 建立图中所示的四边形，由复数矢量的性质可知：

$$l_1 e^{i\varphi_1} + l_2 e^{i\varphi_2} + l_3 e^{i\varphi_3} + l_1 e^{i2\pi} = 0 \qquad \text{式 (5.1)}$$

且

$$le^{i\varphi} = l(\cos\varphi + i\sin\varphi) \qquad \text{式 (5.2)}$$

式 (5.2) 代入式 (5.1)，再分出实部与虚部可得到

$$
\begin{aligned}
l_1\cos\varphi_1 + l_2\cos\varphi_2 + l_3\cos\varphi_3 + l_4 &= 0 \\
l_1\sin\varphi_1 + l_2\sin\varphi_2 + l_3\sin\varphi_3 &= 0
\end{aligned}
\qquad \text{式 (5.3)}
$$

式 (5.3) 中两式平方相加可消去 φ_2，并代入以下三角变换

$$\cos\varphi_3 = \frac{1 - \tan^2\left(\dfrac{\varphi_3}{2}\right)}{1 + \tan^2\left(\dfrac{\varphi_3}{2}\right)}, \quad \sin\varphi_3 = \frac{2\tan^2\left(\dfrac{\varphi_3}{2}\right)}{1 + \tan^2\left(\dfrac{\varphi_3}{2}\right)} \qquad \text{式 (5.4)}$$

得到：

$$\varphi_3 = 2\arctan\frac{F \pm \sqrt{F^2 + E^2 - G^2}}{E - G} \qquad \text{式 (5.5)}$$

式中：

$$E = l_4 + l_1\cos\varphi_1 \qquad \text{式 (5.5a)}$$

$$F = l_1\sin\varphi_1 \qquad \text{式 (5.5b)}$$

$$G = \frac{E^2 + F^2 + l_3{}^2 - l_2{}^2}{2l_3} \qquad \text{式 (5.5c)}$$

由于 l_3 与 l_5 属于同一刚体，求出 l_3 与 l_5 具有相同的角位移 φ_3，对于连杆 $l_5 l_6 l_7$ 系统再次应用上述原理即可得到凸轮从动件的运动要求。

二、缠网计数模块设计

如图 5.6 所示：缠网计数模块包括：凸轮连杆、计数杆、切刀连杆、喙刀和深沟螺杆。其中，计数杆的一端设有两个孔，另一端并排设置有两个短

杆，两个短杆分别与喙刀上的一个圆孔和一个弧形凹槽嵌套，计数杆用于喙刀和切刀连杆间的动作传递；喙刀的刀口卡在深沟螺杆的螺纹凹槽内，喙刀与深沟螺杆配合用于记录下引网辊转过的圈数，深沟螺杆位于下引网辊轴上。装配后的缠网计数模块需要保证：计数杆能够横向移动并能在压弹簧作用下向切刀连杆方向复位；喙刀的刀口能够卡在深沟螺杆的凹槽内；计数杆不能触及深沟螺杆。

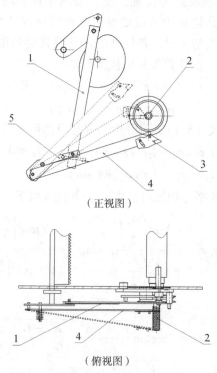

（正视图）

（俯视图）

1. 凸轮连杆　2. 深沟螺杆　3. 喙刀　4. 计数杆　5. 切刀连杆

图 5.6　缠网计数模块

再如图 5.6 所示：缠网计数模块工作时，凸轮机构拉动凸轮连杆提升，凸轮连杆提升带动切刀连杆逆时针转动，计数杆和喙刀随切刀连杆一同逆时针转动，由深沟螺杆下方转到上方，计数杆和喙刀悬停在深沟螺杆上方，缠网计数模块处于待机位置；当计数开始时，凸轮连杆下降，计数杆在重力作用下随切刀连杆顺时针转动，计数杆和喙刀下落，喙刀卡在深沟螺杆的螺纹内。随着深沟螺杆的转动，计数杆和喙刀也随着螺纹的凹槽向外移动，当移到深沟螺杆顶端时，计数杆和喙刀在自身重力作用下快速下落。并由计数杆向切网作业模块输出动作。

三、切网作业模块设计

如图 5.7 所示，切网作业模块包括：凸轮连杆和切刀连杆铰接；切刀连杆的一侧与切刀轴固定连接在一起，切刀连杆的另一侧并排设有一个短半轴和一个长半轴，短半轴和长半轴与计数杆一端的两个孔嵌套在一起，切刀轴安装在装置的两侧壁上并可以自由转动；刀架固定在切刀轴上，刀架的边缘设有一排刀齿；丝网从上引网辊和下引网辊之间伸出后从刀架和刀齿的下方穿过，然后缠绕在成形室内的草捆上。装配后的切网作业模块需要保证：切刀连杆和计数杆可以绕切刀轴旋转。

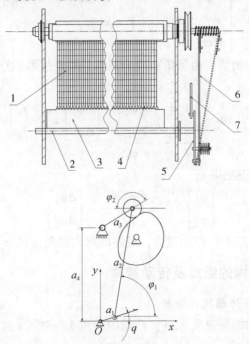

1. 丝网　2. 切刀轴　3. 刀架　4. 刀齿　5. 切刀连杆　6. 计数杆　7. 凸轮连杆

图 5.7　切网作业模块

工作时，当计数杆和喙刀移到深沟螺杆顶端后，缠网计数作业完成，计数杆和喙刀在刀架在自身重力作用下快速下落，刀架和刀齿绕切刀轴顺时针转动。由于刀齿转过的轨迹与丝网的喂入路径相交，所以刀齿切断丝网。此时，打捆机放出草捆，整个作业过程完成，当下一个圆草捆达到缠网要求后，自动缠网装置再次启动，重复上述运动循环。

依据设计要求，切刀连杆需要停留三个工作位置，对应 a_1 有三个输入角 q 。求凸轮从动件 a_3 的角位移 φ_2 的设计值，首先可得到机构的位移方程组：

$$\begin{cases} f_H = a_1\cos q + a_2\cos\varphi_1 + a_3\cos\varphi_2 - a_4 \\ f_V = a_1\sin q + a_2\sin\varphi_1 + a_3\sin\varphi_2 \end{cases} \qquad \text{式 (5.6)}$$

对上述位移问题运用牛顿-拉普森法（Newton–Raphson method）对各未知量求偏导后得：

$$A = \begin{bmatrix} \dfrac{\partial f_H}{\partial \varphi_1} & \dfrac{\partial f_H}{\partial \varphi_2} \\[2mm] \dfrac{\partial f_V}{\partial \varphi_1} & \dfrac{\partial f_V}{\partial \varphi_2} \end{bmatrix} = \begin{bmatrix} -a_2\sin\varphi_1 & -a_3\sin\varphi_2 \\ a_2\cos\varphi_1 & a_3\cos\varphi_2 \end{bmatrix} \qquad \text{式 (5.7)}$$

对于未知量的初值，由量角器简单测出，并经过第 i 次迭代后得：

$$A^{[i]}\Delta\Phi = \begin{bmatrix} \dfrac{\partial f_H}{\partial \varphi_1} & \dfrac{\partial f_H}{\partial \varphi_2} \\[2mm] \dfrac{\partial f_V}{\partial \varphi_1} & \dfrac{\partial f_V}{\partial \varphi_2} \end{bmatrix}^{[i]} \begin{bmatrix} \Delta\varphi_1 \\ \Delta\varphi_2 \end{bmatrix} = \begin{bmatrix} -f_H \\ -f_V \end{bmatrix}^{[i]} \qquad \text{式 (5.8)}$$

第 $i+1$ 次修正结果

$$\begin{bmatrix} \varphi_1 \\ \varphi_2 \end{bmatrix}^{[i+1]} = \begin{bmatrix} \varphi_1 \\ \varphi_2 \end{bmatrix}^{[i]} + \begin{bmatrix} \Delta\varphi_1 \\ \Delta\varphi_2 \end{bmatrix}^{[i]} \qquad \text{式 (5.9)}$$

当精度达到 1E-4 时停止迭代，最终即可求得角位移 φ_2 的近似解。

四、凸轮机构的组成及传动规律

1. 凸轮机构的传动规律分析

假设凸轮转动的角速度为 ω ，凸轮的转角 δ 与时间 t 的关系为：

$$\delta = \omega \times t \qquad \text{式 (5.10)}$$

设凸轮的输出位移为 S ，并随凸轮输入的时间 t 而变化，可得到凸轮机构的位移传递函数随凸轮转角的变化规律为：

$$S = f(t) = S(\delta) \qquad \text{式 (5.11)}$$

依据执行模块的作业工艺要求和布局要求，曲线 S 的轨迹设计为双停留的周期函数，即凸轮在每个周期内输出到连杆机构和执行机构的位移在 S_1 和 S_2 位置暂时停留。根据执行部分的作业要求，S 的每个位移周期内包含了以下过程：低位 S_1 停（装置待机）—慢升（张紧引网作业模块的 V 带，开始引网作业）—高位 S_2 停（保持引网作业模块的 V 带张紧，继续引网作业）—快降（停止引网，开始记录缠网圈数）—低位停（切断丝网，回到待机位置）。凸轮机构输出的位移 S 与凸轮转动时间 t 的关系如图 5.8 所示。

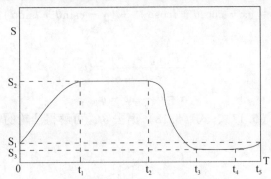

图 5.8　凸轮机构输出位移（S）与凸轮转动时间（T）的关系图

2. 凸轮机构的设计

依据凸轮从动件的传动规律，参考文献指出，凸轮机构设计为 O-C-R（oscillation-circle-rotation）式。主要由以下部分组成：齿轮凸轮、凸轮轴、摇臂、摇臂轴、滚子。凸轮与摇臂上的滚子之间保持高副接触，凸轮可以绕凸轮轴心转动，摇臂可以绕摇臂轴摆动。

参考文献并结合机构的总体布局，凸轮的基圆半径 r_b 可由下式求出：

$$r_b = \frac{(s_2 - s_3) V_m}{\delta_h \tan\alpha_m} - \frac{l\varphi}{2} \qquad 式（5.12）$$

式中：V_m 是从动件的最大无因次速度；

δ_h 为动程角；

α_m 为最大许用压力角；

φ 为摆动从动件在一个行程中转过的角度。

摇臂的回转中心与凸轮轴心的距离 c 取为：

$$c = r_h + 2r_f \qquad 式（5.13）$$

摇臂的长度 l 可由公式（5.14）求得：

$$l = \sqrt{c^2 - r_b r_h} \qquad 式（5.14）$$

如图 5.9 所示，假设凸轮开始转动时，从动件的初始位置 φ_0 可由余弦定理求得：

$$\varphi_0 = \arccos \frac{l^2 + c^2 - (r_b + r_f)^2}{2cl} \qquad 式(5.15)$$

引入单参量曲线族的包络原理，假设 $\Delta\varphi$ 为从动件自起始位置起的转角变化量，则滚子曲线族的通式为：

$$F(x, y, \theta) = (x - c\cos\theta + l\cos\alpha)^2 + (y - c\sin\theta + l\sin\alpha)^2 - r_f^2 = 0$$

$$式(5.16)$$

且 $\qquad\qquad \dfrac{\partial F(x, y, \theta)}{\partial \theta} = 0 \qquad\qquad 式(5.17)$

式中： $\qquad\qquad \alpha = \theta - \Delta\varphi - \varphi_0 \qquad\qquad 式(5.18)$

联立方程式（5.17）、式（5.18）消去 θ，可解得凸轮的轮廓曲线方程。

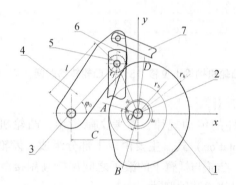

图 5.9 凸轮滚子结构

在工作时，点 A 为凸轮轮廓曲线的起始点。当凸轮与滚子在 A 点接触时，滚子处于距凸轮轴心最近的位置。当凸轮以匀角速度 ω 顺时针转动 δ_t 时，凸轮轮廓 AB 段的向径逐渐增加，推动滚子以一定的运动规律到达凸轮轴心 O 最远位置，这个过程称为推程。这时滚子提升的位移称为升程，对应的凸轮转角 δ_t 称为推程运动角。当凸轮继续转动 δ_s 时，凸轮轮廓 BC 段向径不变，此时套筒处于距离凸轮轴心最远位置停留不动，相应的凸轮转角 δ_s 称为远休止角。当凸轮继续转动 δ_h 时，凸轮轮廓 DA 段的向径逐渐减小，滚子在各连杆的作用下，以一定的运动规律回到起始位置，这个过程称为回程。对应的凸轮转角 δ_h 称为回程运动角。当凸轮继续转动至 A 点时，凸轮停转。当电机再次启动时，凸轮机构重复上述循环。

第四节 圆捆成型装置的创新设计

圆草捆打捆机的工作过程是把物料旋转压缩成圆捆，并采用网或绳包卷圆捆。圆草捆打捆机的核心部件是成捆室，其功能是使物料在成形舱的内腔中不断旋转，逐渐形成圆捆。用于青贮饲料的圆捆机由于物料需要切碎且含水率高，草捆密度大，因此主要采用固定成捆室。其结构形式有辊筒式、短皮带式、链杆式等。国内外文献对圆捆机打捆过程中的功率消耗和收获损失进行了广泛研究。研究表明：物料进入成捆室时发生拥堵和压捆部件之间的间隙是影响圆捆机作业损失和作业效率的主要原因。由于圆捆打捆机的喂入均匀性和压捆阻力变化对打捆机圆捆成形具有重大影响，因此，要求喂入量和压捆阻力变化均匀。现有的成捆室不论采取何种形式的压捆部件，其围成的内腔均为圆柱形，该结构使得物料从喂入到成形过程中，横截面积急剧变小，从而发生喂入困难、拥堵、喂入口零部件损坏等现象。此外，这种腔体结构导致圆捆在压制过程中物料因被压缩而产生的蠕变能不断积聚，而不能得到释放，导致成捆所需的动力急剧增大，损坏传动部件。

针对上述问题。本节设计一种用于青贮作业的，物料喂入均匀、顺畅，圆捆成形过程中动力输入波动小的对数螺线式圆草捆成捆装置，并对其关键部件的参数进行分析设计。利用不同含水率的玉米秸秆对样机进行作业试验。

一、对数螺线式圆草捆成形原理及装置的技术参数

1. 对数螺线式圆草捆成形原理

对数螺线式圆草捆成捆装置的结构如图 5.10 所示。它所围成的空腔由圆弧段和 2 个对数螺线段组成。分析固定成捆室圆草捆打捆机的打捆过程可知，草捆总是需要经历草料的成核与长大 2 个过程。选取进入成捆室的一个微小物料单元为研究对象，分析其在成捆室中受到的作用力可知，该微单元主要受力有：被动转动的草捆在草捆外表面的切线方向上的摩擦力 F_t'，草捆对其向外的正压力 F_n，主动运动的压捆部件对其的摩擦力 F_t，压捆部件对其向草捆方向的正压力 F_n'。

在成核阶段，物料通过短皮带的上表面喂入由喂料预压机构和对数螺线式二次压捆机构共同围成的成捆室。当成捆室中的物料较少时，物料在压捆

机构的链杆的摩擦力 F_t 作用下不断翻滚卷成松散的草核。

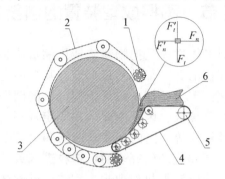

1. 主动链轮　2. 链杆　3. 草捆　4. 短皮带　5. 驱动轮　6. 待喂入饲草

图 5.10　装置的结构组成

当松散的草核逐渐填满成捆室时，此时进入草捆的长大阶段。由对数螺线的几何构造可知，当曲线方程的参数确定时，曲线的切线方向与极径的垂线所夹的角度是一定值。根据这一性质，在物料喂入及预压过程中，由于压力角 α 为定值，工作表面上某点与坐标原点 O 的距离 ρ 不断渐变，这样使得短皮带对草捆的压力增幅比较缓慢而且稳定，物料在 F_n 和 $F_n{}'$ 的作用下体积逐步受到压缩。物料在静摩擦力 F_t 作用下随草捆一起转动进入二次压缩段压缩。随着链杆的不断运行，物料向上运动进入圆捆保持段。物料不断喂入、压实，最后形成圆捆。当传感器检测草捆达到预定规格后，成形后的圆捆被设置在成捆室外部的缠网机构包裹丝网。最终，对数螺线式二次压捆机构向上开启；此时成捆室由闭合状态转为开放状态，圆草捆离开成捆室，一个作业循环完成。

当压力角 $\alpha = 0°$ 时，曲率半径为 $r = \dfrac{\rho}{\sin 90°} = \rho$ 为定值，即内腔为圆柱形的传统成捆室，易造成喂入困难。因此增大压力角 α 值可以提高喂入效率，但是当 α 增大接近于物料与工作表面的静摩擦角 φ 时，摩擦力 $F_t{}'$ 为动摩擦，物料在工作表面上打滑的情况。即：

$$\alpha < \min\{\varphi_i\} \qquad i = 1,\ 2,\ 3\cdots \qquad 式（5.19）$$

式中：φ_i 为不同物料的摩擦角。

2. 主要的技术参数

由于成捆装置是圆捆机最重要的工作部件，因此需要对其作业对象的参数进行预先设定。根据圆草捆在运输过程中依赖的车辆和公路宽度对草捆的外形尺寸的约束，设定装置的规格参数如表5.1所示。

表5.1　装置的主要规格参数

参数	指标
配套丝网幅宽（mm）	1 200 或 1 000
草捆规格（mm）	φ850×850
草捆质量（kg）	240（含水率70%）

二、主要部件及其参数设计

装置由喂料预压机构、对数螺线式二次压捆机构及相应的辅助机构组成。

1. 喂料预压机构

喂料预压机构由动力设备驱动的驱动轮、若干导轮和围绕各轮设置的短皮带组成。驱动轮和各导轮分别平行设置在机架上。其中，各导轮呈对数螺线轨迹排列，直至排列到对数螺线式二次压捆机构的前端。短皮带通过各导轮支撑形成一段对数螺线形工作表面。

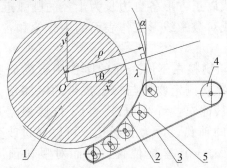

1. 草捆　2. 工作表面　3. 短皮带　4. 驱动轮　5. 导轮
图5.11　喂料预压机构的结构及参数示意图

如图5.11所示，喂料预压机构中的短皮带沿各导轮到对数螺线式二次压捆机构输入端的方向形成的对数螺线形工作表面满足以下特征：假设 xOy 是以对数螺线式二次压捆机构内预形成的圆草捆中心为坐标原点 O 的坐标系，则对数螺线形工作表面和其延长线在 xOy 面内形成的无形变对数螺线工作表面的极坐标形式为：

$$\rho = ke^{\theta cot\lambda} \qquad\qquad 式（5.20）$$

式中，ρ 为极半径，表示对数螺线形工作表面和其延长线上的任意点与圆草捆在 xOy 面中心的距离；k 为表征该对数螺线曲率特性的参数，其值为最下边的导轮与草捆中心的距离，当草捆直径确定后，其参数以不与对数螺线式二次压捆机构发生干涉为原则，其取值范围为 $425mm \leqslant k \leqslant 450mm$；$\theta$ 是极半径 ρ 与坐标轴 Ox 的夹角。λ 为该对数螺线上的任意切线与极半径 ρ 的夹角。

式（5.20）中，令 $m = cot\lambda$，则：

$$\lambda = \arctan \frac{1}{m} \qquad\qquad 式（5.21）$$

曲线上任意点的曲率半径为 $r_i = \dfrac{\rho_i}{\sin\lambda}$，$i = 1，2，3\cdots$，构造其直角坐标系下的参数方程可得：

$$x = ke^{m\theta}\cos\theta \qquad\qquad 式（5.22）$$
$$y = ke^{m\theta}\sin\theta \qquad\qquad 式（5.23）$$

根据上述参数方程，并代入一定的 θ 角，对式（5.22）、式（5.23）用泰勒展开式、复数或以正方形各自边长为半径的圆弧近似地连续逼近对数螺线，即可得到构成对数螺线形工作表面的主导轮和各从导轮的导轮轴的（x，y）坐标位置。

参照文献对不同物料在不同表面的摩擦因数的研究结论，采用不同含水量苜蓿和玉米物料测定物料与橡胶皮带的摩擦角，可得：$\alpha < 20^{\circ}$。针对牧草、麦秸等其他农业纤维物料，为了能够根据不同物料调节压力角 α 的值，各导轮的轴孔设计为条形孔，可以通过改变 m 值即可得到所需要的导轮轴的（x，y）坐标位置，进而对喂料预压机构的压力角进行调整。

2. 对数螺线式二次压捆机构

对数螺线式二次压捆机构主要由两舱壁、若干外导轮、链式压捆单元、从动链轮和主动链轮组成（图5.12）。两舱壁对称设置，每一舱壁分别由一扇形体和一对数螺线形体合成于一体，舱壁的外缘弧度为一扇形线和一对数螺线形成的曲线，其中对数螺线形段为物料压缩段，扇形体段为圆捆保持段。

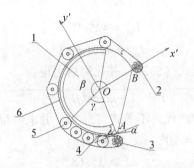

1. 舱壁 2. 主动链轮 3. 从动链轮 4. 导轨 5. 外导轮 6. 链杆压捆单元

图 5.12 对数螺线式二次压捆机构

如图 5.12 所示，对数螺线式二次压捆机构中，导轨与舱壁的外缘弧度一致，为一扇形线和一对数螺线形成的曲线，其中，对数螺线形轨迹具有以下特征：假设 $x'O'y'$ 是以圆捆中心为坐标原点 O 的坐标系，限位于各外导轮与相应导轨之间的链杆形成的曲线 ζ 在 $x'O'y'$ 面投影形成的曲线方程可以由分段函数表示：

$$\rho' = \begin{cases} 425\text{mm}(0 \leqslant \theta' \leqslant \beta) \\ 425\text{e}^{(\theta'-\beta)\cot\lambda'}(\beta < \theta' \leqslant \beta + \gamma) \end{cases} \qquad \text{式 (5.24)}$$

式中，ρ' 为对数螺线式二次压捆机构的极半径，表示导轨的对数螺线形段上的任意点与圆捆在 $x'O'y'$ 面中心的距离；λ' 为该对数螺线上任意切线与极半径 ρ' 的夹角，$\lambda' = 90° - \alpha'$，α' 表示各压捆单元组成的对数螺线形工作面与物料的摩擦角。为了保证机构能够正常工作，式 (5.24) 须满足以下约束：

（1）为了保证圆捆保持段的链杆，既能夹持圆草捆，又能保证卸捆时草捆能顺利卸除，要求：

$$180° < \beta \leqslant 195° \qquad \text{式 (5.25)}$$

（2）参考图 5.12，当 $\theta' = \beta + \gamma$ 时，成捆室须满足与喂料预压机构既能形成一个密闭的空腔又不能干涉，即：

$$(\beta + \gamma) \approx 260° \qquad \text{式 (5.26)}$$

结合约束式 (5.19) 要求，取 $\beta = 190°$，可得 $\gamma = 70°$。

（3）为了保证草捆能够顺利离开成捆室，须满足 AB 间的距离大于850mm。依据余弦定理：

$$(l_{AB}) = \sqrt{(l_{OA})^2 + (l_{OB})^2 - 2(l_{OA})(l_{OB})\cos(360° - \beta - \gamma)} > 850(\text{mm})$$

$$\text{式 (5.27)}$$

式中：

$$l_{OA} = 425\mathrm{e}^{\gamma\cot\lambda'} \qquad 式（5.28）$$

$$l_{OB} = 425(\mathrm{mm}) \qquad 式（5.29）$$

联立式（5.27）至式（5.29）并化简后可得：

$$\sqrt{(\mathrm{e}^{\gamma\cot\lambda'})^2 + 1 - 2\cos(\beta + \gamma)\mathrm{e}^{\gamma\cot\lambda'}} > 2 \qquad 式（5.30）$$

将 $\beta = 190°$，$\gamma = 70°$ 代入不等式（5.30）并求解得到不等式的有效解为：$\cot\lambda' \geqslant 0.28$。由于 $\lambda' = 90° - \alpha'$，可得：

$$\alpha' \geqslant 15.65° \qquad 式（5.31）$$

不同湿度、切碎长度的饲草与光滑金属面的最小摩擦因数为 0.3。为了保证湿重的草捆不发生打滑现象 α' 须小于物料与压捆链杆的自锁摩擦角 ψ。即：

$$\alpha' < \tan\psi = 0.3 \qquad 式（5.32）$$

联立不等式（5.31）、式（5.32）可得：

$$15.65° \leqslant \alpha' < 16.69° \qquad 式（5.33）$$

优先保证摩擦力的前提下，取对数螺线式二次压捆机构的压力角 α' 为 15.65°。

第五节　捡拾机构的选择

以获得苜蓿干草为目的的圆捆机往往设有捡拾器，用于捡拾地面上已经晾干的苜蓿。捡拾器作为圆捆机的物料喂入部件。其设计要求是能将地面的苜蓿尽量捡拾干净减少收获损失，同时也要求捡拾器作业过程中对苜蓿茎叶的打击要尽可能的小，防止收获过程中的花叶损失，捡拾起来的物料中陈草及其他杂质要少，要具有良好的地面仿形和缓冲性能，当草条被捡拾提升到捡拾器护板上方、弹齿收缩到护板内部时，弹齿应不拖带牧草。

通用的捡拾器有多种，可分别适应不同高度和茎秆直径的作物收获，对于刈割后苜蓿干草的捡拾，通常使用凸轮滑道滚筒式捡拾器。按结构不同，滚筒式捡拾器可分为弹齿式和刚性伸缩指式两种。凸轮滑道的形状要保证弹齿捡拾过程中有捡拾、向后抛送、收弹齿的动作流程。弹齿在凸轮滑道的约束作用下，在捡拾阶段位姿保持弹齿挑起物料并向后上方移动，运动速度较慢；当弹齿移动至水平偏上时，弹齿加速度较大，将物料向后抛送；在抛送动作完成后，弹齿收缩，进入空行程，最后转至下方进行第二次作业。

当前，国内外各种型号压捆机的捡拾器，其结构型式基本相同，如图5.13 所示，它主要由凸轮盘、曲柄、滚轮、弹齿等组成。

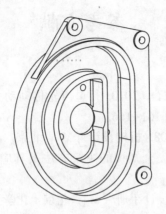

图 5.13　捡拾器图轮盘结构简图

捡拾器一般都配置地面仿形、浮动装置和捡拾器高度调整装置。在作业过程中，仿形轮的离地高度一般要调整到比弹齿齿端离地高度更小一些。在地面比较平坦的情况下，仿形轮一般不会与地面接触。只有在凹凸不平的田间作业时，仿形轮若遇到地面障碍物，则将行驶在障碍物之上。此时，在地面反作用力的作用下捡拾器向上浮动，避免弹齿齿端搂刮地面或与障碍物碰撞。

由于圆捆机的总体布局结构和尺寸系列不同，捡拾器的基本参数也有所不同。捡拾器的基本参数的选择遵循以下原则。

捡拾器的类型选择：捡拾器的类型通常根据捡拾对象的长度以及堆层厚度选择。

捡拾器的幅宽：捡拾器的幅宽要大于草条宽度，但也不能过于宽。捡拾器的幅宽过窄可造成收获不干净，幅宽过大则容易造成草捆两侧不均匀。

弹齿间距：疏密适当。

捡拾器转速与前进速度的关系：由于捡拾器的动力来自于拖拉机的动力输出轴，因此捡拾器的转速需要与前进速度进行匹配。

参考文献

卜忠红，刘更，吴立言. 2010. 行星齿轮传动动力学研究进展 [J]. 振动与冲击，29（9）：161-166.

曹惟庆，徐曾荫. 2008. 机构设计 [M]. 北京：机械工业出版社：50-51.

陈剑. 1994. 基于不完全知识的决策方法及其应用 [J]. 农业工程学报，4（10）：8-13.

成大先. 2008. 机械设计手册 [M]. 北京：化学工业出版社.

邓磊，乔志德，宋文萍，等. 2012. 基于响应面方法的风力机叶片多目标优化设计研究 [J]. 空气动力学报，30（3）：405-410.

甘肃农业大学. 2005-11-09. 前置式齿形链割草压扁机：中国，ZL200520079706.8 [P].

高东明，王德成，李杰，等. 2015. 青饲圆捆机对数螺线式成形装置设计与试验 [J]. 农业机械学报，46（7）：118-122.

高东明，王德成，王光辉，等. 2012. 草地切根机切刀的疲劳寿命分析 [J]. 江苏大学学报，33（3）：283-287.

李超. 2005. 基于功率谱密度的疲劳寿命估算 [J]. 机械设计与研究，21（2）：6-8.

李同杰，朱如鹏，鲍和云，等. 2011. 行星齿轮系扭转非线性振动建模与运动分岔特性研究 [J]. 机械工程学报，47（2）：76-83.

陆俊华，朱如鹏，靳广虎. 2009. 行星传动动态均载特性分析 [J]. 机械工程学报，45（5）：85-90.

倪郁东，沈吟东. 2009. 二维非线性临界解析动态系统的局部渐近稳定性 [J]. 控制理论与应用，26（2）：179-182.

全国农业机械标准化委员会. 2008. 割草压扁机 GB/T 21899—2008 [S]. 北京：中国标准出版社.

随允康，宇慧平. 2011. 响应面方法的改进及其对工程优化的应用 [M]. 北京：科学出版社：5-15.

田程，桂良进，范子杰. 2010. 采用序列响应面法的大客车结构振动频率优化［J］. 汽车工程，10（32）：833-836.

王成杰. 2003. 北京地区苜蓿收获时期气候适宜性及干草调制技术的研究［D］. 北京：中国农业大学.

王德福，蒋亦元，王吉权. 2010. 钢辊式圆捆打捆机结构改进与试验［J］. 农业机械学报，40（12）：84-88.

王明珠，姚卫星. 2008. 随机振动载荷下缺口件疲劳寿命分析的频域法［J］. 南京航空航天大学学报，40（4）：489-492.

魏大盛，王延荣. 2003. 行星轮系动态特性分析［J］. 航空动力学报，18（3）：450-453.

魏天路，周海波，杨海，等. 2008. 灭茬机工作参数的多目标模糊优化［J］. 农业机械学报，6（39）：73-76.

温宝琴. 2006. 前置割草压扁机的研究与设计［D］. 兰州：甘肃农业大学.

吴育华，杜纲. 2004. 管理科学基础［M］. 天津：天津大学出版社.

新疆机械研究院. 2005-08-23. 自走式割草压扁机：中国，ZL200520105193.3［P］.

杨世昆，苏正范. 2009. 饲草生产机械与设备［M］. 北京：中国农业出版社：212-228.

余志生. 2010. 汽车理论［M］. 北京：机械工业出版社：255-260.

曾新乐，张泰岭. 1995. 交互作用多目标决策及在农业上的应用［J］. 农业工程学报，1（11）：35-40.

赵文礼，李忠学，赵邦华. 1998. 客车随机响应计算与车轴疲劳寿命预测［J］. 铁道学报，4（20）：120-125.

赵文礼，王林泽. 2006. 机械振动系统随机疲劳和间隙非线性［M］. 北京：科学出版社：27-29.

中国机械工业联合会. 机械振动恒态（刚性）转子平衡品质要求 第1部分：规范与平衡允差的检验 GB/T 9239.1—2006（ISO 1940—1：2003，IDT）［S］. 北京：中国标准出版社.

中国机械工业联合会. 农业机械试验条件测定方法的一般规定 GB/T 5262—2008［S］. 北京：中国标准出版社.

中国农业大学. 2011-04-26. 往复式割草调制机传动机构：中国，ZL201120127423.1［P］.

中国农业大学. 2011-08-29. 割草调制机的多关节随形浮动割台：中国，

ZL201110250096.3［P］.

中国农业大学. 2011-08-29. 一种悬挂式割草调制机：中国, ZL201120318054.4［P］.

中国农业机械化科学研究院. 2007. 农业机械设计手册：下册［M］. 北京：中国农业科技出版社.

中国农业科学院草原研究所. 2005-07-01. 切割压扁机：中国, ZL200520110593.3［P］.

周萍，于德介，臧献国，等. 2010. 采用响应面法的汽车转向系统固有频率优化［J］. 汽车工程, 10（32）：883-887.

朱恩涌，巫世晶，王晓笋，等. 2010. 含摩擦力的行星齿轮传动系统非线性动力学模型［J］. 振动与冲击, 29（8）：217-220.

A. G. Cavalchini. 1999. Handbook of agricultural engineering［M］. Joseph Michigan USA, ASAE.

Ahmad Khalilian, David Batchelder, Galen McLaughlin. 1985. Forage drying using hard crushing and binders［J］. Transactions of the ASAE, 25（5）：1225-1228.

Aiguo Zhao, Jijia Xie, Chengqi Sun. 2012. Effects of strength level and loading frequency on very-high-cycle fatigue behavior for a bearing steel［J］. International Journal of Fatigue, 38：46-56.

Andrew Halfpenny. 1998. 基于功率谱密度信号的疲劳寿命估计［J］. 中国机械工程, 9（11）：16-19.

ASAE, D251. 2 APR2003（R2008）. Friction Coefficients of Chopped Forages［S］.

Bart Hammig, Elizabeth Childers, Ches Jones. 2009. Injuries associated with the use of riding mowers in the United States, 2002-2007［J］. Journal of Safety Research, 40：371-375.

C. A. Rotz, D. J. sprott. 1984. Drying rates, losses and fuel requirements for mowing and conditioning alfalfa［J］. Transactions of the ASAE, 27（3）：715-720.

Coates W., Lorenzen B. 1990. Harvesting guayule shrub by baling［J］. Applied engineering in agriculture, 6（4）：390-395.

D. N. Chu, Y. M. Xie, A. HIRA. 1996. Evolutionary Topology Optimization for Problems with Stiffness Constraints［J］. Finite Elements in Analysis and

Design, 21: 239-251.

D. Tremblay, P. Savoie, Q. Le Phat. 1991. Reducing forage harvester peak power with a flywheel [J]. Applied engineering in agriculture, 7 (1): 41-45.

Dvoralai Wulfsohn. 2009. Traction Mechanics [M]. Michigan: ASABE: 75-83.

Franet. 2004-02-10. Self-propelled agricultural vehicle: US 6, 688, 093 [P].

Freeland R. S., Bledsoe B. L. 1988. Energy required to form large round hay bales effect of operational procedure and baler chamber type [J]. Transactions of the ASAE, 31 (1): 63-67.

Friction Coefficients of Chopped Forages [S]. ASAE, D251. 2 APR2003 (R2008).

G. E. P. Box, K. B. Wilson. 1951. On the Experimental Attainment of Optimum Conditions [J]. Journal of Royal Statistical Society, 1 (13): 622-654.

G. H. Yoon. 2010. Structural topology optimization for frequency response problem using model reduction schemes [J]. Computer Methods in Applied Mechanics and Engineering, 199: 1744-1763.

G. Manor, J. Katz. 1989. Hay harvesting on paper to reduce leaf losses [J]. Applied engineering in agriculture, 5 (2): 158-162.

J. H. Rong , Y. M. Xie, 2000. Topology optimization of structures under dynamic response constraints [J]. Journal of Sound and Vibration, 234 (2): 177-189.

J. Haslinger, P. Neittaanmäki. 1996. Finite Element Approximation for Optimal Shape [M]. Material and Topology Optimization, John Wiley & Sons, New York.

Jaap Schijve. 2004. Fatigue of Structures and Materials [M]. Kluwer Academic Publishers. New York.

Jean Yves Humbert, Jaboury Ghazoul, Nina Richner, et al. 2010. Hay harvesting causes high orthopteran mortality [J]. Agriculture, ecosystems and environment, 139 (4): 522-527.

Jean-Yves Humbert, Jaboury Ghazoul, Thomas Walter. 2009. Meadow harvesting techniques and their impacts on field fauna [J]. Agriculture, eco-systems and environment, 130 (1): 1-8.

Juliana Lorensi do Canto, John Klepac, Bob Rummer, et al. 2011. Evaluation of two round baling systems for harvesting understory biomass [J]. Biomass and Bioenergy, (35): 2163-2170.

K. J. Shinners, R. G. Koegel, L. L. Lehman. 1991. Friction coefficient of alfalfa [J]. Transactions of the ASAE, 34 (1): 33-37.

K. J. Shinners, T. E. Everts, R. G. Koegel. 1993. Forage harvester orien-tation mechanism to reduce particle size variation [J]. Transactions of the ASAE, 36 (5) 1287-1292.

K. Sadananda, A. K. Vasudevan, N. Phan. 2007. Analysis of endurance limits under very high cycle fatigue using a unified damage approach [J]. International Journal of Fatigue, 29: 2060-2071.

K. Shiozawa, T. Hasegawa, Y. Kashiwagi. 2009. Very high cycle fatigue properties of bearing steel under axial loading condition [J]. International Journal of Fatigue, 31: 880-888.

Kahrarman Ahmet. 2001. Free torsional vibration characteristics of compound planetary gear sets [J]. Mechanism and Theory, (36): 953-971.

Khanchi A., Jones C. L., Sharma B., et al. 2013. Characteristics and com-positional change in round and square switchgrass bales stored in South Cen-tral Oklahoma [J]. Biomass and Bioenergy, (58): 117-127.

Koegel R. G., Fronczak F. J., Shinners K. J., et al. 1990. Pressure meas-urement in a continuous press [J]. Transactions of the ASAE, 33 (4): 1071-1074.

Lemos S. V., Denadai M. S., Guerra S. P. S. 2014. Economic efficiency of two baling systems for sugarcane straw [J]. Industrial Crops and Products, (55): 97-101.

M. J. Mellin. 2004-04-06. mower-conditioner: US 6, 715, 271 [P].

M. P. Bendsoe, N. Kikuchi. 1988. Generating Optimal Topologies in Structural Design Using a Homogenization Method [J]. Computer Methods in Applied Mechanics and Engineering, 71 (2): 197-224.

M. P. Bendsoe. 1989. Optimal shape design as a material distribution problem [J]. Structural Optimization, 1: 193-202.

M. P. Rossow, J. E. Talylor. 1973. A Finite Element Method for the Optimal Design of Variable Thickness Sheets [M]. AIAAJ.

M. Shirani, G. Harkegard. 2011. Fatigue life distribution and size effect in ductile cast iron for wind turbine components [J]. Engineering Failure Analysis, 18: 12-24.

Masaki Nakajima a, Keiro Tokaji, Hisatake Itoga. 2010. Toshihiro Shimizu. Effect of loading condition on very high cycle fatigue behavior in a high strength steel [J]. International Journal of Fatigue, 32: 475-480.

Meehan P. G., Finnan J. M., Mc Donnell K. P. 2013. A comparison of the energy yield at the end user for m. X giganteus using two different harvesting and transport systems [J]. BioEnergy Research, (6): 813-821.

Miner M A. 1945. Cumulative damage in fatigue [J]. Journal of Applied Mechanics, 67: A159-A164.

Mirco D. Chapetti. 2011. A simple model to predict the very high cycle fatigue resistance of steels [J]. International Journal of Fatigue, 33: 833-841.

N. L. Pedersen. 2000. Maximization of eigenvalue using topology optimization [J]. Structure Multidisciplinary Optimization, 20 (1): 2-11.

Necmettin Kaya et al. 2010. Re-design of a failed clutch fork using topology and shape optimization by the response surface method [J]. Materials and Design, 31: 3008-3014.

New Holland, PA. 2010-07-08. Variable speed hydraulic conditioner drive: US 7730701 [P].

Nolan A., MC Donnell K., MC Siurtain M., et al. 2009. Conservation of miscanthus in bale form [J]. Biosystems Engineering, (104): 345-352.

O. Sigmund, 2001. A 99 line topology optimization code written in matlab [M]. Structural and Multidisciplinary Optimization, 21: 120-127.

P. Chopra, P. Soucy, J. M. Laberge, L. Laberge, and L. Gigue're. 2000. Know Before You Mow: A Review of Lawn Mower Injuries in Children, 1990-1998 [J]. Journal of Pediatric Surgery, 35, (5): 665-668.

P. Christensen, A. Klarbring, 2008. An Introduction to Structural Optimization (Solid Mechanics and Its Applications) [M]. Springer, New York.

P. Savoie, C. A. Rotz, H. F. Bucholtz, et al. 1982. Hay harvesting system losses and drying rates [J]. Transactions of the ASAE, 25 (3): 581-585.

P. Savoie, D. Tremblay, R. Th6riault. 1989. Forage Chopping Energy vs. Length of Cut [J]. Transactions of the ASAE, 32 (2): 437-442.

P. Savoie, N. Asselin, J. Lajoie, D. Tremblay. 1997. Evaluation of intensive forage conditioning with a modified disk mower [J]. Applied engineering in agriculture, 13 (6): 709-714.

P. Savoie. Forage maceration: past, present and future [C]. // International Conference on Crop Harvesting and Processing, 2003, Paper Number: 701P1103e.

PageHarrison H. 1985. Preservation of Large Round Bales at High Moisture [J]. Transactions of the ASAE, 28 (3): 675-680.

Peter Roll, Michael Klintschar. 1998. Fatal missile injury from the rotating knife of an agricultural mower [J]. Forensic Science International, 94: 1-8.

R. E. Hellwig, J. L. Butler, W. G. Monson, et al. 1977. A Tandem Roll Mower-Conditioner [J]. Transactions of the ASAE, (7): 1029-1032.

R. E. Hellwig, T. J. Scarnato, W. G. Monson. 1983. Roll design for a tandem roll mower-conditioner [J]. Transactions of the ASAE, (3): 713-718.

R. G. Koegel, R. J. Straub, R. P. Walgenbach. 1985. Quantification of mechanical losses in forage harvesting [J]. Transactions of the ASAE, 28 (4): 1047-1051.

R. G. Koegel, V. I. Fomin, H. D. Bruhn. 1973. Roller maceration and fractionation of forages [J]. Transactions of the ASAE, (9): 236-240.

R. L. Parish, J. D. Fry. 1997. Mower effects on turf grass quality [J]. Applied engineering in agriculture, 13 (6): 715-717.

Roberta Martelli, Marco Bentini, Andrea Monti. 2015. Harvest storage and handling of round and square bales of giant reed and switchgrass: An economic and technical evaluation [J]. Biomass and Bioenergy, (83): 551-558.

Rotz C. A., H. A. Muhtar. 1992. Rotary power requirements for harvesting and handling equipment [J]. Applied engineering in agriculture, 8 (6): 751-757.

Rotz C. A., Muhtar H. A.. 1992. Rotary power requirements for harvesting and handling equipment [J]. Applied engineering in Agriculture, 8 (6): 751-757.

Rotz C. A.. 1995. Loss models for forage harvest [J]. Transactions of the ASAE, 38 (6): 1621-1631.

Rotz C. Alan, Yi Chen. 1985. Alfalfa drying model for the field environment [J]. Transactions of the ASAE, 28 (5): 1686-1691.

S. Kwofie. 2001. An exponential stress function for predicting fatigue strength and life due to mean stresses [J]. International Journal of Fatigue, 23: 829-836.

Shinners Kevin J. , Matthew E. Herzmann. Wide-swath drying and post cutting processes to hasten alfalfa drying [C]. //2006, ASABE Paper No. 061049.

Shinners Kevin J. Koegel R G. Straub R J. 1991. Leaf loss and drying rate of alfalfa as affected by conditioning roll type [J]. Applied engineering in agriculture, 7 (1): 46-49.

Shinners, Kevin J. , J. M. Wuest, J. E. Cudoc, et al. Intensive conditioning of alfalfa: drying rate and leaf loss [C]. //2006, ASABE Paper No. 1051.

Singiresu S. Rao. 2004. Mechanical Vibrations [M]. Prentice Hall.

Srivastave, Ajit K. , Carroll E. Goering, et al. 2006. Hay and forage harvesting [M]. Joseph Michigan USA, ASAE.

T. A. Laing, J. B. O' Sullivan, N. Nugent, M. O' Shaughnessy, S. T. O' Sullivan. 2011. Paediatric ride-on mower related injuries and plastic surgical management [J]. Journal of Plastic, Reconstructive & Aesthetic Surgery, 64: 638-642.

T. J. Kraus, K. J. Shinners, R. G. Koegel, et al. 1993. Evaluation of a crushing-impact forage macerator [J]. Transactions of the ASAE, 36 (6): 1541-1545.

Timo Lotjonen, Teuvo Paappanen. 2013. Bale density of reed canary grass spring harvest [J]. Biomass and Bioenergy, (51): 53-59.

Vanessa Costilla, David M. Bishai. 2006. Lawnmower injuries in the United States: 1996-2004 [J]. Annals of Emergency Medicine, 47 (6): 567-573.

W. E. Klinner. 1976. A Mowing and Crop Conditioning System for Temperate Climates [J]. TRANSACTIONS of the ASAE, (1): 237-241.

W. J. Greenlees, H. M. Hanna, K. J. Shinners, et al. 2000. A comparison of four mower conditioners on drying rate and leaf loss in alfalfa and grass [J]. Applied engineering in agriculture, 16 (1): 15-21.

Wu Zhengping, Kjelgaard William L., Persson Sverker P. E. 1986. Machine width for time and fuel efficiency [J]. Transactions of the ASAE, 29 (6): 1508-1513.

Y. B. Liu, Y. D. Li, S. X. Li. 2010. Prediction of the S−N curves of high−strength steels in the very high cycle fatigue regime [J]. International Journal of Fatigue, 32: 1351-1357.

Y. M. Xie, G. P. Steven. 1993. A Simple Evolutionary Procedure for Structural Optimization [J]. Computers and Structures, 49 (5): 885-896.

Yiljep Y. D., Bilanski W. K., Mittal G. S. 1993. Porosity in large round bales of alfalfa herbage [J]. Transactions of the ASAE, 36 (2): 493-496.

Ying Chen, Jean Louis Gratton, Jude Liu. 2004. Power requirements of hemp cutting and conditioning [J]. Biosystems engineering, 87 (4): 417-424.

Yoshiaki Akiniwa, Nobuyuki Miyamoto, Hirotaka Tsuru. 2006. Notch effect on fatigue strength reduction of bearing steel in the very high cycle regime [J]. International Journal of Fatigue, 28: 1555-1565.

Zhengping Wu, William L. Kjelgaard. 1986. Machine Width for Time and Fuel Efficiency [J]. Transactions of the ASAE, 29 (6): 1508-1513.

Zhou M, Rozvany GIN. 1991. The COC algorithm, Part II: topological, geometry and generalized shape optimization [J]. Computer Methods in Applied Mechanics and Engineering, 89 (1): 197-224.